Bauernleben

Barbara Lukesch

Bauernleben

Die unglaubliche Geschichte
des Wisi Zgraggen

© 2016 Wörterseh Verlag, Gockhausen

Lektorat: Andrea Leuthold, Zürich
Korrektorat: Claudia Bislin, Zürich
Umschlaggestaltung: Thomas Jarzina, Holzkirchen
Foto Umschlag vorn: Samuel Trümpy, Glarus (Wisi Zgraggen inmitten
seiner Dexterkühe – im Hintergrund der 3073 Meter hohe Bristen)
Foto Umschlag hinten: René Staubli, Zollikon (die Familie Zgraggen –
von links: Thomas, Wisi, Reto, Ivan, Angelika, Leonie, Silvia und Alois) /
Bilderrahmen www.istockphoto.com
Fotos Bildteil: zur Verfügung gestellt aus dem Privatarchiv der Zgraggens /
René Staubli / Gianni Pisano / Foto Aschwanden
Karte »Entwicklung des Bielenhofs«: Rich Weber, Infografik, Luzern
Layout, Satz und herstellerische Betreuung:
Rolf Schöner, Buchherstellung, Aarau
Lithografie: Tamedia Production Services, Zürich
Druck und Bindung: CPI – Ebner & Spiegel, Ulm

Print ISBN 978-3-03763-074-7
E-Book ISBN 978-3-03763-610-7

www.woerterseh.ch

Tun zu können, was man gerne tut,
bedeutet Freiheit.
Das gerne zu tun, was man tut,
bedeutet Glück.

Henry David Thoreau (1817–1862)
US-Schriftsteller, Philosoph und Naturalist

Inhalt

Ein ganz besonderer Bauer – ein Vorwort

Seitdem wir mehrere Monate pro Jahr in Gais im Kanton Appenzell Außerrhoden verbringen, in einer Wohnung mit Blick auf Wiesen, Kühe und Bauernhöfe, ist mein Interesse an der Landwirtschaft und dem bäuerlichen Leben stetig gewachsen. Zuweilen traten peinliche Wissenslücken zutage: Auf Wanderungen begegneten wir Tieren, bei denen wir nicht sicher waren, ob es sich um Stiere, Ochsen oder Rinder handelte. Unklar war ebenso, wie bedrohlich nun eigentlich Kühe sind, wenn man sich ihnen ungeschützt, ungeschickt und unsicher nähert. Seit einmal eine ganze Herde, angeführt von der Leitkuh, getrennt nur durch einen dünnen, hoffentlich elektrisch geladenen Zaun in rasendem Tempo hinter mir hergejagt war, hatte ich höllischen Respekt vor den großen Tieren – und war umso mehr daran interessiert, mir zusätzliches Wissen über sie anzueignen.

Mit der Zeit reifte die Idee, ein Buch zu schreiben, was mir die Gelegenheit verschaffen würde, einem Bauern über die Schulter zu schauen. Als ich Gabriella Baumann-von Arx, die Verlegerin des Wörterseh-Verlags, fragte, ob sie Interesse an einem solchen Buch hätte, kam ihre Reaktion prompt: »Und wie! Ich habe dir sogar einen Protagonisten, der ideal wäre!«

Sie erzählte mir von Wisi Zgraggen, einem knapp vierzigjährigen Landwirt aus Erstfeld, der bei einem Unfall beide Arme verloren hat und trotzdem einen großen Hof mit rund 150 Tieren führt. Das klang zwar beeindruckend, schien aber nichts für mich zu sein, denn ich wollte ein Buch über einen Bauern schreiben und keins über einen Behinderten. Gaby Baumann blieb cool: »Lern ihn kennen und entscheide dann!«

Beim »Wörterseh-Znacht« im Januar 2015 im Restaurant Weißer Wind in Zürich arrangierte sie ein Treffen: Wisi kam mit seiner Frau Angelika, ich mit meinem Mann René – und einem gebrochenen Unterarm mit Gips bis zum Ellenbogen. Als ich Wisi erstmals gegenüberstand, fiel mir nichts Besseres ein, als zu scherzen: Im Hinblick auf unsere Begegnung hätte ich mir aus lauter Solidarität grad mal den Arm gebrochen.

Er fand das offenbar lustig, zumindest lachte er. Das entspannte uns alle erheblich. Wir waren schnell beim Thema und sprachen über meine Buchidee, für die sich der Landwirt durchaus erwärmen konnte. Gleichzeitig beobachtete ich, wie Angelika ihrem Mann einen kurzen Strohhalm in die Kaffeetasse steckte, das Zellophanpapier des Kekses entfernte, der auf seiner Untertasse lag, und ihm diesen in den Mund schob. Im Nu kamen mir zahllose Fragen in den Sinn: Wie isst er eine ganze Mahlzeit? Wie zieht er sich einen Pullover über? Wie öffnet er den Reißverschluss seiner Hose? Und wie »umarmt« er seine Frau?

Beim Essen bekam ich zumindest auf die erste Frage eine Antwort: Angelika befestigte Wisi ein schmales Band mit Klettverschluss um den Armstumpf, auf dem eine Stoffschlaufe befestigt war. In die Schlaufe steckte sie eine speziell für ihn angefertigte Gabel. Damit beugte sich Wisi tief über seinen Teller, lud sich geschickt Hörnli mit Gehacktem auf und schob sich eine Ladung nach der anderen in den Mund. Nach kurzer Zeit hatte er seinen

Teller leer gegessen. Ich war überrascht und merkte, wie meine Neugier wuchs. Wie führte er wohl seinen Hof? Wir verabredeten ein weiteres Treffen, diesmal in Erstfeld, Kanton Uri, auf dem Bielenhof, seinem Betrieb.

Ich war nach wie vor skeptisch und fragte mich, ob ich mich wirklich auf das Wagnis einlassen sollte, diesen Bauern zu porträtieren. Würden die fehlenden Arme nicht allgegenwärtig sein und andere, mir viel wichtigere Themen dominieren? Hätte ich beim Schreiben nicht ständig eine Schere im Kopf, die mich zu Rücksichtnahme und unentwegter politischer Korrektheit einem Behinderten gegenüber zwingen würde?

Der Besuch auf dem Bielenhof löste meine Bedenken auf. Nach einem Kaffee in der Wohnküche führte mich Wisi über den Hof zu den Ställen und präsentierte mir seine Tiere: schwarze Dexterkühe, dazu ein paar dunkelbraune mit einem Rotstich, viele Muttertiere mit ihren Kälbchen und vier Stiere, die abgetrennt von der Herde in ihrer eigenen Box standen. Ein imposanter Anblick.

Just in dem Augenblick gingen zwei Tiere, Rinder, wie mir Wisi erklärte, aufeinander los und trugen einen rohen, in meinen Augen geradezu gewalttätigen Kampf aus, bei dem Knochen auf Knochen trafen, was scheußlich krachte. Wisi sah dem Treiben ungerührt zu, während ich fürchtete, dass sich die Tiere verletzen könnten. Aufgebracht bat ich ihn, die beiden zu stoppen, das sehe ja schrecklich aus. Er pfiff und lotste die Tiere mit Zurufen so zum Futterbarren, dass er ihre Köpfe zwischen den metallenen Stangen fixieren und sie damit am Weiterkämpfen hindern konnte. Den Hebel, den jeder andere Bauer mit der Hand umgelegt hätte, betätigte er mit dem Fuß.

Diese Sequenz wurde für mich zur Schlüsselszene. Ich sah

Wisi auf einmal mit anderen Augen. Langsam dämmerte mir, dass er in erster Linie Bauer und nicht Behinderter war. Sein Alltag war von seiner Arbeit geprägt, seiner Frau und seinen vier Kindern. Dass er keine Arme hat, ist eine normale Begleiterscheinung, inzwischen eine Selbstverständlichkeit, die innerhalb seiner Familie und in seinem beruflichen Umfeld selten zu reden gibt.

Natürlich hatte der schreckliche Unfall im Jahr 2002 gravierende Folgen und machte eine komplette Neuausrichtung des Bielenhofs nötig – weg von der Milch-, hin zur Fleischwirtschaft. Dass er diese Herausforderung zusammen mit seinem Vater Alois angenommen hat und heute einen erfolgreichen Betrieb führt, hängt aber entscheidend damit zusammen, dass er seinen Beruf leidenschaftlich gernhat und sich keinen schöneren vorstellen kann. Als ich das kapiert hatte, war mir klar: Ich wollte mein Bauernbuch über ihn schreiben.

Bevor wir uns endgültig entschieden, schlug Wisi noch eine weitere Begegnung vor. Ich solle ihn doch zu einem Vortrag begleiten. Da würde ich in einer halben Stunde das Wichtigste zu seiner Person erfahren und könnte mir ein noch besseres Bild von ihm machen. So fuhr ich nach Amriswil im Kanton Thurgau, wo Wisi an einem Seniorennachmittag im reformierten Kirchgemeindehaus auftreten sollte. Als ich den großen, etwas nüchternen Raum betrat, stieg er gerade auf die Bühne und ließ sich beim Anschließen seines Laptops und des Beamers helfen. Dann schob er sich mit dem einen Fuß den Schuh vom anderen und umgekehrt. Nanu! Was wurde das denn? Nachdem der Pfarrer ihn willkommen geheißen hatte, klatschte das Publikum, das mehrheitlich aus Frauen bestand. Wisi trat an den Bühnenrand, und nun kapierte ich, warum er seine Schuhe ausgezogen hatte:

Er bediente die Maus seines Laptops, die auf dem Boden lag, mit dem Fuß.

Seine Power-Point-Präsentation fesselte die Anwesenden. Sie verfolgten mucksmäuschenstill, wie Wisi seinen Alltag meistert. Als er sie anschließend bat, Fragen zu stellen, verharrten sie schweigend. Vielleicht verboten sie sich ihre Neugier aus Angst, ihm zu nahe zu treten. Darf man denn einen vom Schicksal so hart Geprüften mit der Frage belästigen, ob er die berühmten Phantomschmerzen habe, und wenn ja, wie sie sich äußern? Als Kaffee und Butterbrezeln serviert wurden, wagte sich eine alte Dame in seine Nähe und wollte genau das von Wisi wissen. Er lachte sie an und gab bereitwillig Auskunft.

Das Interesse der Leute störe ihn nicht, erzählte er mir später. Im Gegenteil. Mit Mitleid könne er hingegen nicht viel anfangen: »Es gibt keinen Grund, mich zu bemitleiden; ich führe ein gutes Leben.« Hilfe nimmt er gern an, wenn er sie braucht; nett gemeinte, aber unnötige Fürsorglichkeit, die ihn in die Rolle des Bedürftigen drängt, löst bei ihm – vorsichtig formuliert – Unbehagen aus. »Was mir stattdessen echt nützen würde, wäre eine zupackende Hand, die mir beim Gang aufs WC in einem Restaurant den Hosenladen öffnet, wenn ich pinkeln muss.« Seine Direktheit passte mir.

Inzwischen ist mehr als ein Jahr vergangen, und ich bin rund vierzigmal mit dem Zug von Zürich über Arth-Goldau nach Erstfeld gefahren, um mit Wisi, aber auch seiner Frau Angelika, seiner Mutter Silvia und seinem Vater Alois zu sprechen. Dabei habe ich erfahren, welche Aufgaben ein Bauer im Verlauf eines Jahres erfüllen muss, sah trächtige Kühe, frisch geborene Kälber und kraftstrotzende Stiere und war dabei, als eines von Zgraggens Dexterrindern an einer Schönheitskonkurrenz richtig gut abschnitt. Und – ich fasste sogar den Mut, Wisi ins Schlachthaus zu begleiten, als er dort acht seiner Tiere metzgen ließ. Es war ein emotional bewegendes Erlebnis, aber ich habe es verdaut und esse weiterhin Fleisch, allerdings nur noch ausgewähltes, über dessen Herkunft und Produktionsweise ich genau Bescheid weiß.

Die Arbeit an diesem Buch hat mich um viele Erfahrungen, Erlebnisse und Begegnungen reicher gemacht und mich oft staunen lassen, welche Hindernisse ein Mensch überwinden kann, wenn er seine Arbeit über alles liebt. Für das Kapitel »Alles über Kühe – Kühe über alles« stellte ich Wisi weit über hundert Fragen und erfuhr endlich all das, was ich schon lange über das Rindvieh wissen wollte. Bei unseren Gesprächen wurde mir bewusst, dass die Zgraggens auf dem Bielenhof seit 1871 Landwirtschaft betreiben, lange Zeit als Selbstversorger in ärmlichen Verhältnissen. In diesen knapp 150 Jahren haben sie alle tief greifenden Veränderungen und Herausforderungen ihres Gewerbes – von der Mechanisierung über die Ökologisierung bis hin zur Globalisierung – miterlebt und dank erstaunlicher unternehmerischer Risikobereitschaft gemeistert. Wisi führt den Bauernhof in der fünften Generation. Sein fünfzehnjähriger Sohn Thomas soll dereinst die Nachfolge antreten.

Meine wachsende Freude hat letztlich auch meinen Mann, den Journalisten René Staubli, dazu bewogen, zwei Kapitel zu recherchieren und zu schreiben: »Erstfeld, das Eisenbahnerdorf« und »Das liebe Geld«. Darüber bin ich sehr froh.

Barbara Lukesch, Zürich und Gais, im Juni 2016

Zgraggens fahren an die Miss-Wahl

Auf dem Bielenhof herrscht emsige Betriebsamkeit, gepaart mit nervöser Anspannung. In einer Woche findet die Swissopen statt, die Eliteschau für Fleischrinder, an der Wisi Zgraggen zwölf Tiere aus seiner Dexterzucht präsentieren wird. Er hat sich für die Rinder Ronda und Iala sowie die fünf Kühe Karin, Radisli, Paika, Pirella und Penole mit je einem Kälbchen entschieden. Ihnen traut er zu, seinen Erfolg von der letzten Swissopen zu wiederholen, an der er sowohl die Rassesiegerin wie auch die Zweitplatzierte stellte. Doch um ganz vorn mitzumischen, braucht es einiges an Vorarbeit.

Als Erstes müssen die Tiere auf eine für sie neue Situation vorbereitet und mit einem Halfter vertraut gemacht werden. Da sie sich an das vergleichsweise freie Leben im Laufstall und auf der Weide gewöhnt sind, reagieren sie zunächst gestresst, ja sogar ungehalten, wenn sie die Riemen umgebunden bekommen. Wenn sie von Wisi, seinem Vater Alois, einem der Kinder oder einem Lehrling am Strick aus dem Stall geführt, manchmal auch gezogen oder gar gezerrt werden, hebt ein ohrenbetäubendes Muhen an. Paika, die schöne rote Kuh, gibt erst Ruhe, als sie ihr Junges, das knapp sechs Monate alte Stierkalb Taiko, wieder an ihrer Seite hat und dieses gierig an ihrem Euter saugt.

Auch andere Tiere versuchen, sich loszureißen, wollen zurück in den Stall, schlagen aus oder drücken die Person, die sie führt, mit viel Kraft zur Seite. Reto, Wisis dreizehnjähriger Sohn, hat zu kämpfen, um sein Kälbchen festzuhalten, ein störrisches kleines Wesen, das regelrechte Bocksprünge vollführt. »Dädi!«, ruft er verzweifelt. Wisi ist zur Stelle, beugt sich hinunter und wickelt sich den Strick um seinen Armstumpf. Seine Entspanntheit überträgt sich auf das Kalb, das ihm problemlos folgt.

Sogar Mathias, der Lehrling, ein Bauernsohn, der nach seiner ersten Ausbildung als Landmaschinenmechaniker noch Landwirt lernt und viel Erfahrung mit Kühen hat, muss seine ganze Kraft und Geschicklichkeit aufbieten, um der ungestümen Tiere Herr zu werden. Mit beherztem Zupacken, viel Streicheln von Hals- und Kopfpartie, Klopfen, Knuffen und gutem Zureden gewinnt der 25-Jährige das Vertrauen der aufgeregten Tiere. Anders als Milchkühe, die dank dem täglichen Melken eine Beziehung zum Menschen entwickeln, fehlt Mutterkühen diese Bindung. Sie fremdeln zunächst und stellen sich quer, statt zu kooperieren.

Inzwischen sind acht Tiere auf dem Vorplatz des Hofs versammelt und am Zaun angebunden. Allmählich kehrt Ruhe ein. Die prächtige Frühlingssonne vermag erstmals in diesem Jahr richtig zu wärmen und entspannt Mensch und Tier. Wisi sagt: »Wir sind auf dem richtigen Weg. Aber bis Ende Woche müssen wir noch etliche Male mit den Tieren trainieren, damit sie bei der Präsentation einen guten Eindruck hinterlassen.«

Zu diesem guten Eindruck, so Wisi, trage maßgeblich ein harmonischer, entspannt wirkender Auftritt der Züchter mit ihren Tieren im Ring bei. Eine Kuh hingegen, die ständig auszubrechen versuche, beeinträchtige ihre Chancen. Deren Fell könne noch so glänzen, die Klauen schwarz lackiert und der Schwanz besonders schön frisiert sein: »Sobald die Nervosität der Tiere ein normales Maß übersteigt, gibt es Punktabzüge.«

Mit der einwandfreien Präsentation ist es allerdings nicht getan. Bereits im Vorfeld muss der Jury der Stammbaum der Tiere vorgelegt werden. Wisi hatte Mühe, den Erzeuger eines seiner Rinder eindeutig zu bestimmen, und veranlasste deshalb noch rasch einen DNA-Test. Jetzt ist die Sache geklärt, der Zuchtstier namentlich bekannt, und so kann er auch den letzten Stammbaum ordnungsgemäß vervollständigen.

Am Anlass selber begutachten die Punktrichter dann besonders aufmerksam die Qualität des Fundaments, also der Gliedmaßen und Klauen der Tiere, die Größe, Proportionen und Bemuskelung, in der Fachsprache Rahmen genannt. Bei den Kälbern zählen der Wuchs, das Gewicht und die Attraktivität.

Die kleinrahmigen Dexterrinder gehören einer Rasse an, die in der Schweiz nur wenig verbreitet ist. Hierzulande dominieren nebst dem kommunen Braun- und Grauvieh die rötlichen Limousins, die pechschwarzen Angusrinder und das Simmentaler Fleckvieh. Entsprechend klein ist die Konkurrenz, auf die Wisi mit seinen Tieren stoßen wird. Die Aufregung ist trotzdem groß. Schließlich nehme er die ganze Vorbereitung, den Transport in drei Viehwagen und die zweitägige Abwesenheit von seinem Hof nur in Kauf, erklärt er, weil er in möglichst vielen Kategorien gewinnen oder zumindest den zweiten Rang belegen wolle. An der Ausstellung versammelt sich nämlich ein Fachpublikum, das an diesem Aprilwochenende sondiert, welche Tiere derart überzeugen, dass es sich einen Kauf vorstellen kann.

Die Swissopen ist ein spannend aufgezogener Wettkampf, an dem diesmal knapp hundert Zuchtbetriebe und 37 Jungzüchter mehr als 250 Tiere in den Ring schicken. Die Veranstaltung verspricht den Teilnehmern mehr Aufmerksamkeit als ein Inserat in der »Bauernzeitung« oder dem »Schweizer Bauer«. Wer Rassesiegerinnen und -sieger in seinem Stall hat, steigert seinen Bekanntheitsgrad auf einen Schlag. Branchenwebsites wie mutterkuh.ch tragen ihren Teil dazu bei, die Namen erfolgreicher Betriebe zu verbreiten. Der Ausstrahlung des Anlasses, der diesmal rund 1500 Besucherinnen und Besucher anzieht, schadet es nicht, wenn ihn Insider zuweilen als »Show« bezeichnen, bei der nur eine »Momentaufnahme« vorgenommen werden könne, die sich nicht vergleichen lasse mit der akribischen Beurteilung der Zucht durch Experten in den Betrieben.

Am Tag vor dem großen Ereignis führen Zgraggens ihre Ausstellungstiere nochmals über den Vorplatz auf dem Bielenhof. Das Training hat sich gelohnt. Karin, die siebenjährige Mutterkuh, dreht entspannt ihre Runden, ihr Kälbchen, gerade mal zwei Monate alt, folgt ihr auf dem Fuß. Die Tiere werden erneut mit kaltem Wasser und Seife gewaschen, getrocknet und anschließend gebürstet, bis ihr Fell glänzt; ein Spray verhindert, dass an den Klauen Dreck, Stroh und Heureste kleben bleiben.

Am Samstag ist es endlich so weit. Die Familie samt Entourage macht sich mit den Transportern schon früh auf den Weg nach Brunegg in der Nähe von Brugg im Kanton Aargau. Wisi und seine Frau Angelika, ihre vier Kinder Thomas, Reto, Ivan und Leonie, sein Vater Alois, sein Schwager und vier Lehrlinge sind an diesem wichtigen Tag dabei. Das Wetter ist freundlich und angenehm mild. In den Stallungen der Vianco-Arena bekommt jeder Zuchtbetrieb Boxen für seine Tiere zugewiesen. Angrenzend an Zraggens Vieh sind die Kühe, Rinder und Kälber der anderen Dexterzüchter untergebracht, mithin die Tiere, mit denen es sich zu messen gilt. Wisi erkennt auf den ersten Blick, dass auch die

Konkurrenz »sehr attraktive Exemplare ins Rennen schickt; das wird spannend«.

Dann der erste Dämpfer: Wisis Tiere weigern sich, das Heu zu fressen, das der Veranstalter in den Boxen deponiert hat. Alois Zgraggen, der 71-jährige Senior, der sein Leben lang Viehzucht betrieben hat, ist aufgebracht: »Das Heu riecht zu stark nach Erde und Dreck, weil es nicht lange genug getrocknet worden ist.« So etwas passiere, wenn alles immer schneller gehen müsse, weil man nur noch an den maximalen Ertrag denke. »Unsere Tiere sind solches Futter nicht gewohnt.« Es werde ihnen nichts anderes übrig bleiben, als am Sonntag ihr eigenes Heu vom Bielenhof mitzunehmen. Wisi lässt sich nicht aus der Ruhe bringen. Mit einem leeren Magen würden ihre Tiere zwar nicht so schön rund und fleischig aussehen, »aber entscheidend ist es nicht«.

Nach und nach füllen sich die Boxen. Weitere Tiere werden von den Viehtransportern zu den Stallungen geführt. Ein Angusstier, dessen Fell so kurz geschoren ist, dass es glänzt wie ein nasser Fahrradschlauch, hat die Ausmaße eines kleinen Elefanten. 1,4 Tonnen bringe er auf die Waage, erzählt sein Besitzer mit unverhohlenem Stolz. Unter den Limousinstieren befinden sich Exemplare, die noch wuchtiger sind.

Das emsige Treiben versetzt das ganze Areal in Schwingung. Es ist nicht ganz ungefährlich, sich auf dem Platz zu bewegen, auf dem den ganzen Tag Tiere hin und her geführt werden: raus aus dem Viehwagen, rein in den Stall, in die Waschanlage, zurück in die Boxen, später in den Ring. So warnt der Veranstalter denn auch via Lautsprecher vor der Unberechenbarkeit der Tiere und bittet Eltern, ihre Sprösslinge und Kinderwagen nicht unbeaufsichtigt zu lassen. Prompt reißt sich eine Kuh los, die auf dem Vorplatz warten muss, und bringt einen Mann zu Fall.

Gegen Mittag nimmt die Anspannung spürbar zu. Viele Tiere werden nochmals abgespritzt, shampooniert und gebürstet. Nichts wird dem Zufall überlassen. Allerdings lässt sich nur schwer vorhersagen, wie sie auf die vielen ungewohnten Eindrücke in der Arena reagieren werden: auf die fremde Umgebung, das giftgrün gefärbte Sägemehl, die Gerüche aus der Küche, Lautsprecherdurchsagen, Musik, das Klatschen des Publikums. Auch Zgraggens sind gespannt, wie sich Iala und Ronda benehmen werden, die um dreizehn Uhr mit zwei Mitbewerbern als Erste in den Ring müssen. Alois führt Iala und hat keine Probleme. Urs aber, der Lehrling, ein groß gewachsener, kräftiger junger Mann, kann Ronda kaum bändigen. Störrisch weigert sich das Rind, mit ihm im Rund zu gehen. Es bricht aus, dreht sich um die eigene Achse, um dann bockstill zu verharren. Das ist kein Auftakt nach Maß. Wisi steht am Rand der Arena und beobachtet das Treiben.

Walter Reulecke, der Punktrichter, der für die Wettbewerbe der Dexterkühe zuständig ist, stammt aus Kiel an der Ostsee und ist extra für die Eliteschau in die Schweiz gereist. Er bewegt sich behände zwischen den Tieren, begutachtet sie von vorn und von hinten, macht sich Notizen und bittet die Halter nach einigen Minuten, die vier Rinder gemäß seiner Rangierung aufzustellen: Ganz rechts der Sieger, anschließend die Nächstplatzierten. Diesmal haben Zgraggens das Nachsehen. Reulecke greift zum Mikrofon und lobt zunächst in freundlichem, wohlwollendem Ton alle vier Konkurrenten: »Es sind schöne Tiere, allesamt sehr korrekt im Skelett.« Der Siegerin attestiert er eine »besondere Harmonie im Seitenbild, aber auch in den Bewegungen«. Sie verfüge zwar »nicht über die meiste Masse«, sei aber »hervorragend entspannt präsentiert worden« und habe ihn damit überzeugt.

Unbeeindruckt von diesen Komplimenten, reißt Ronda,

Zgraggens wildes Rind, beim Abgang den bedauernswerten Urs nochmals fast zu Boden. Wisi und sein Vater tragen ihre Enttäuschung mit Fassung. Um 13 Uhr 40 gibt es eine zweite Chance, geht es doch weiter mit zweien ihrer Kühe, begleitet von je einem Kälbchen.

Diesmal geht auch Wisi in den Ring. Die Landwirte und Viehzüchter kennen ihn längst, den Bauern aus Erstfeld, der bei einem Unfall auf seinem Betrieb beide Arme verloren hat. Sein Anblick erregt höchstens noch bei Besuchern Aufmerksamkeit, die ihn zum ersten Mal sehen und staunend bemerken, wie er sich den Strick des von ihm geführten Kälbchens regelrecht elegant um seinen Armstumpf wickelt. Sie fragen sich natürlich, wie es ein Mensch mit einer solchen Behinderung schafft, einen Betrieb zu leiten und Viehzucht zu betreiben. Vielleicht beobachten sie auch die Szene, als Wisi während der Präsentation seine Frau Angelika erblickt, die Fotos macht. Für einen Moment rückt die Swissopen in den Hintergrund, Wisi geht zu ihr hin und drückt ihr über den Rand des Gatters hinweg einen Kuss auf den Mund. Die beiden lachen sich an, und Wisi ist zurück im Ring.

Punktrichter Reulecke steht die Freude an seiner Arbeit ins Gesicht geschrieben. Er mag Kühe, keine Frage, und so hört sich denn auch das Fazit dieser zweiten Runde an: »Das sind durchs Band so schöne Dexter, da könnte man neidisch werden.« Zgraggens haben Boden gutgemacht und landen jetzt immerhin auf Platz zwei. Paika und ihr Stierkälbchen Taiko lassen den Juror jubeln, er könne zu dieser tollen Kuh mit dem hervorragend entwickelten Kalb nur gratulieren: »Bravo!«

Die Swissopen wird vom Verband Mutterkuh Schweiz ausgerichtet. Die Organisation ist so gut wie perfekt. Schlag auf Schlag folgen sich die einzelnen Wettbewerbe, Verspätungen sind die Ausnahme. So beginnt denn auch die letzte Präsentation der Zgraggens an diesem Tag um Punkt 14 Uhr 20, exakt wie im Programmheft angegeben. Jetzt gilt es ernst. Denn mindestens eine Siegerin hätte Wisi schon gern in seinen Reihen. Entsprechend groß ist die Spannung, als Walter Reulecke die Halter bittet, ihre Tiere aufzureihen. Und siehe da: Zgraggens räumen ab, Platz eins für die Kuh Radisli und ihr Kälbchen Ivan, Platz zwei für Karin. Der Siegerin widmet der Juror begeisterte Worte. Er habe auf den ersten Blick gewusst, dass diese »komplette, schöne und harmonische Kuh mit ihrem exzellenten Euter und den kleinen feinen Zitzen« das Rennen machen werde. »Das Seiten-Rückenbild« sei »wie aus einem Guss geformt«. Wisi freut sich diebisch, insbesondere weil er Radisli und Ivan um ein Haar zu Hause gelassen hätte.

Damit ist für Zgraggens der erste Tag gelaufen. Die Anspannung lässt langsam nach, und sie haben nun auch die Ruhe, um sich mit Kollegen und anderen Züchtern auszutauschen. In der Arena haben inzwischen die Stiere Einzug gehalten, pechschwarze Angusbrocken, von denen einer schöner ist als der andere, oder rötlich braune Limousinmunis, deren Hinterbacken teilweise rasiert sind, um die beeindruckende Muskulatur besser zur Geltung zu bringen. Nach dem schlanken Walter Reulecke haben jetzt Punktrichter das Sagen, die passend zu den mächtigen Stieren über einen imposanten Bauchumfang verfügen.

Die Tiere der Zgraggens übernachten in den Stallungen der Arena. Sie selber fahren zurück nach Erstfeld, um dort nach dem Rechten zu schauen. Schließlich warten daheim einige Dutzend Kühe, etliche Schafe mit ihren Lämmchen, Zwergziegen und natürlich Rico, der Hofhund, auf sie. Außerdem müssen sie Silvia

Zgraggen, Wisis Mutter und Alois' Frau, haarklein berichten, was sie in Brunegg erlebt haben.

Dort zeigt sich am Sonntagmittag ein völlig verändertes Bild. In den Stallungen herrschen Ruhe und Frieden – kein Mucks, kein Muhen. Selbst die gewaltigen Stiere haben sich hingelegt und dämmern mit geschlossenen Augen satt vor sich hin. Nur Wisis Kühe und Rinder haben keine Zeit, um sich auszuruhen. So ausgehungert, wie sie vom Vortag sind, fressen sie jetzt, ohne sich auch nur die kleinste Pause zu gönnen. Endlich haben sie wieder ihr gewohntes Heu, das ihnen Zgraggens vom Bielenhof mitgebracht haben. Nach und nach werden auch die anderen Tiere wieder munter, und man staunt, dass es sogar die größten Fleischkolosse aus eigener Kraft schaffen, auf die Beine zu kommen.

Gegen dreizehn Uhr wird es für Zgraggens nochmals richtig spannend. Nun wird aus allen erst- und zweitplatzierten Dexterkühen die Rassesiegerin erkoren. Alois führt Radisli in den Ring, Wisi den kleinen Ivan. Walter Reulecke ist so enthusiastisch wie am Vortag. Er freut sich über die »vielen schicken, einwandfreien Tiere«, weiß aber auch sehr schnell, wer an diesem Tag seine Favoritin ist: Radisli! Übers Mikrofon preist er »ihre perfekte Körperlänge, ihren unheimlich eleganten schnurgeraden Rücken, ihr harmonisches Seitenbild« und schließt mit den Worten: »Das ist eine Kuh, die ich gern mit nach Hause nehmen würde.« Alois freut sich und winkt ins Publikum, Wisi geht auf die Knie und knuddelt das Stierkälbchen mit der Nasenspitze.

Im Verlauf des Nachmittags werden die Champions in allen Kategorien bestimmt: Rinder, Kühe und Stiere von insgesamt dreizehn Rassen, darunter die robusten Highland Cattle aus Schottland, die man an ihrem zotteligen Fell und den geschwungenen, spitz aufragenden Hörnern erkennt. Die Tribünenränge und die Tische der Festwirtschaft sind trotz prächtigem Frühlingswetter gut besetzt. Das Publikum genießt die Wettbewerbe sichtlich und wartet gespannt, bis es um 15 Uhr 30 zum Showdown kommt, der Parade aller Rassesieger und -siegerinnen und der Wahl von Miss und Mister Swissopen, den beiden schönsten Tieren der ganzen Schau.

Wisi und Alois sehen diesem Schlussakt gelassen entgegen, wissen sie doch, dass sie mit ihren kleinen Dexterkühen chancenlos sind gegen die stattlicheren Rassen. Miss Swissopen wird denn auch Ramona, ein wohlgeformtes Stück Braunvieh aus dem Bündnerland. Bei den Stieren setzt sich der imposante Simmentaler Crosby aus der Westschweiz durch. Die einheimischen Rassen feiern also einen durchschlagenden Erfolg, und das, obwohl die Jury mit einem deutschen, einem irischen, einem französischen und zwei Schweizer Punktrichtern international zusammengesetzt ist. Zum Dank erhalten alle Experten – passend zum Anlass – einen reich bestückten Fleischkorb.

Der kleine Wisi

Viehausstellungen hatten Wisi schon begeistert, als er noch ein kleiner Bub war. Wenn sein Vater Alois, ein erfolgreicher Züchter, wieder mal einen Kranz für eine seiner Kühe gewann, herrschte Feststimmung bei Zgraggens. Mit der Zeit durften Wisi und seine Schwestern auch ihre eigenen Tiere an den Jungzüchterwettbewerben präsentieren. Als er zwölf Jahre alt war, führten er und Heidi die Rinder Jässli und Nelli am Olma-Wettbewerb vor. Jässli hatten sie einen großen Blumenkranz um den Bauch gebunden und den »Schälle-Puur« aufgemalt, die höchste Trumpfkarte im Jassen. Wisi trug seine schwarze Sonntagshose, ein weißes Hemd und – der Clou – eine Krawatte, auf der das Wappentier seines Heimatkantons, der Uri-Stier, abgebildet war. »Diese Erlebnisse waren die Highlights meiner Kindheit«, erinnert sich Wisi, »etwas Schöneres gab es fast nicht.«

Geboren wurde er am 22. Mai 1977 im Spital Altdorf als zweites Kind von Alois und Silvia Zgraggen-Jud. Seine Mutter erinnert sich gern an die Geburt, die morgens um Viertel nach sieben an einem herrlichen Frühlingstag »wunderbar problemlos« verlaufen sei. Sie war damals 26 und ihr Mann 32.

Zwei Jahre zuvor hatte sie ein Mädchen zur Welt gebracht, das sie Silvia tauften. In diesem Rhythmus ging es weiter: 1979 kam

Heidi, 1981 Monika. Die Eltern freuten sich, dass ihr zweites Kind ein Knabe war: der Vater, weil er nun einen Stammhalter hatte, die Mutter, weil sie am Namen Rösli vorbeigekommen war. Alois hatte nämlich darauf bestanden, dass ein Mädchen Rösli heißen müsse – wie Silvias Mutter und ihre Schwester. Sie fand, das sei des Guten zu viel. Die Eltern waren glücklich, dass sie ein gesundes Baby auf den Arm nehmen konnten, das übers ganze Gesicht strahlte und, so Silvia, »auffällig große, schöne Hände hatte«.

Bereits drei Wochen später fuhr die junge Familie mit Sack und Pack über den Gotthard Richtung Tessin, um auf den steilen Wiesen zu heuen, die sie dort gepachtet hatten. Das Baby lag tagsüber in seinem Wägelchen, freundlich, friedlich, pflegeleicht. Wenn es Hunger hatte, bekam es die Brust. Schien die Sonne zu stark, schob es jemand unter einen Baum in den Schatten.

Weil Zgraggens auf ihrem Hof eine zusätzliche Arbeitskraft brauchten, stellte Alois seinen jüngeren Bruder Hans bei sich an. Dieser lebte mit seiner Frau Therese und seinen zwei Töchtern, beide im Alter von Wisi, in einem benachbarten Haus auf Zgraggens Grundstück. Wisi wuchs also mit fünf Mädchen auf und spielte viele Jahre Mädchenspiele: Mutter und Kind, Babys wickeln, Kochen mit Gras und Stroh. Aus Wolldecken bastelten sich die Kinder Zelte, in denen ihre Familie wohnte.

Wisi fand das alles völlig normal, er kannte nichts anderes und spielte gern mit den Mädchen. Was ihn zuweilen ärgerte, war Silvias forscher Ton. Sie habe ihn »ganz schön herumkommandiert«. Offenbar habe sie es genossen, die Älteste zu sein und ihn nach ihrer Pfeife tanzen zu lassen.

An eine Geschichte erinnert er sich besonders gut. Silvia hatte einen kleinen Plastikzwerg als Schlüsselanhänger. Den habe sie immer wieder demonstrativ hin- und hergeschwungen – im Wissen, wie gern Wisi das Zwergli gehabt hätte. Wenn der kleine Bruder etwas für sie tun, ihr beispielsweise eine Arbeit abnehmen sollte, versprach sie ihm als Belohnung den Schlüsselanhänger, »doch eingelöst hat sie ihr Versprechen nie«. Der Ehrlichkeit halber müsse er allerdings auch eingestehen, dass er manchmal »ein rechter Plaggeist« gewesen sei, der seine Spielkameradinnen getriezt und oftmals genervt habe. Vielleicht habe er sich als einziger Bub eben doch ein bisschen in Szene setzen und wichtigmachen müssen, lacht er. Was er allerdings diesen frühen Jahren verdanke, sei ein spezielles Interesse, ja vielleicht sogar eine gewisse Fähigkeit, mit Frauen zu reden. »Ich komme gut mit ihnen ins Gespräch und tausche mich gern mit ihnen aus.«

Eines Tages zogen eine Tante, ihr Mann und ihre zwei Söhne im Alter von Wisi auf die Bitzi, ein an den Bielenhof grenzendes Grundstück. Sie wohnten in einem uralten Haus, das sie eigenhändig renoviert hatten und das keine hundert Meter von jenem der Zgraggens entfernt stand. Die Cousins fanden sich schnell und genossen es, im Dreck und Matsch zu wühlen, Bäche zu stauen, Hütten zu bauen, halt Bubenspiele zu spielen. Auch mit den Mädchen lief es rund: »Versteckis«, »Fangis«, Ball spielen, Velo fahren, im Wald herumstreunen. Das Leben im Freien und im Stall, umgeben von Tieren, begeisterte die Kinder.

Für die Fasnacht in Erstfeld, während deren das ganze Dorf mit Katzenmusik beschallt wird – überall ertönt derselbe Marsch –, bastelten sich die Kinder aus alten Ölfässern Trommeln, die sie sich an Gurten um den Hals hängten. Das war zwar anstrengend und tat schnell weh, aber es sei wahnsinnig lustig gewesen sein, so durch die Straßen zu ziehen. Wenn sie müde waren, luden sie die Trommeln auf den mitgeführten Leiterwagen. Während die Mädchen darauf einhämmerten, pafften die Buben Zigarren und rauchten die Pfeife, die sie ihrem Großvater stibitzt hatten. Der Spaß war gewaltig, allerdings wurde es Wisi und seinen Cousins schon nach kurzer Zeit hundeelend.

Einen Computer gab es auf dem Bielenhof damals noch nicht, und ein Fernseher kam erst 1984 ins Haus, als Wisi in der ersten Klasse war. Das Gerät wurde aber nur eingeschaltet, wenn die Kinder im Bett waren. Höchstens beim »Guetnachtgschichtli« machten die Eltern eine Ausnahme. Umso mehr genossen die Kleinen diese fünfzehn Minuten: »Wir waren leicht zufriedenzustellen und vermissten nichts«, sagt Wisi, »wir hatten ja keine Ahnung, was uns alles entging.«

Auf dem Hof mussten die Kinder von klein auf mithelfen. Als Wisi sechs Jahre alt war, wischte er die Böden im Stall und auf dem Hof, fütterte die Kühe, tränkte die Kälbchen und wurde von seinem Vater und vom Onkel in die Kunst des Anrüstens eingeführt. Dazu musste er die Zitzen der Euter massieren, um den Milcheinschuss zu forcieren, und dann das Melkzeug anhängen. Einzig beim Leeren der schweren Kannen benötigte er Hilfe.

In trockenen Jahren, in denen die Gefahr bestand, dass sie zu wenig Futter für ihre Tiere produzieren konnten, trugen nicht nur der Vater und der Onkel, sondern auch die Kinder schwere Rohre zum nahen Bergbach hinauf, um Wasser auf ihre Wiesen zu leiten.

Wisi und seine Schwestern wurden vom Vater früh als Arbeitskräfte angesehen, auf deren Unterstützung er nicht nur pochte, weil er sie zu Disziplin und Tüchtigkeit anhalten wollte. Er benötigte ihre Hilfe, um als Bauer so gut zu wirtschaften, dass seine Familie und die seines Bruders von den Erträgen des Bielenhofs leben konnten.

Als Neunjähriger schlachtete Wisi sein erstes Tier, einen Hasen. Er musste ihm mit dem Hammer auf den Kopf schlagen, die

Kehle durchschneiden, das Fell über die Ohren ziehen und die Innereien herausnehmen, denn sein Vater machte das nicht gern. Zuweilen brach es ihm schier das Herz, die hübschen Tiere zu töten. Dessen ungeachtet habe er das Fleisch gegessen und sogar noch gerngehabt. Der Tod gehörte halt zum Kreislauf der Natur.

Einen der traurigsten Tage erlebte Wisi, als seine geliebte Gotte und Großmutter Berta überraschend starb. Sie hatte bei der Gartenarbeit einen Herzinfarkt erlitten und war eine Stunde lang unbemerkt zwischen den Kartoffelstauden liegen geblieben. An der Beerdigung musste er an der Spitze des Trauerzugs ein großes Grabkreuz tragen. Er war zutiefst betrübt und hatte dauernd das Bild seiner Großmutter vor Augen, wie sie aufgebahrt in der Stube lag. Dass er keine zwei Stunden vorher noch mit ihr geredet hatte, kam ihm unwirklich vor. Da habe er realisiert, dass ein Mensch – anders als ein Tier – einzigartig und nicht zu ersetzen ist.

Natürlich widerstrebte es den Kindern zuweilen, an einem schönen Nachmittag auf dem Feld zu helfen, statt durch den Wald zu streifen oder Velo zu fahren. »Wir haben manchmal gemurrt, wenn uns der Vater in die Pflicht nahm«, sagt Wisi. Aber die Arbeit sei eben oft auch spannend und herausfordernd gewesen und habe ihren Ehrgeiz angestachelt. Beim Bau der Remise, des 370 Quadratmeter großen Geräte- und Maschinenlagers, habe er als Zehnjähriger für die Handwerker Backsteine herangeschleppt und sei »unglaublich stolz gewesen, dass ich schon zu einer solchen Leistung fähig war«.

Oder bei der Heuernte im Sommer im Tessin: Da seien Onkel Hans und seine Frau Therese mit den Kindern dafür zuständig gewesen, das Heu mit Gabeln in die Presse zu schaufeln. »Wir Kinder hatten schon am ersten Abend Riesenblasen an den Händen, die irgendwann aufplatzten und bei jeder weiteren Berührung höllisch wehtaten.« Pflaster brachten gar nichts, die waren im Nu wieder »weggeripscht«. Stattdessen habe man Papiertaschentücher auf die Wunden gelegt und Isolierband um die Hände gewickelt.

Es sei toll gewesen, dass sie als Kinder mithelfen konnten, mehrere hundert schwere Heuballen zu präparieren, die anschließend mit dem Laster nach Erstfeld transportiert wurden. Zur Belohnung bekam jedes Kind ein Eis. Wisi stand auf Wasserglace, am liebsten hatte er einen »Winnetou« oder eine »Rakete«. Doch viel entscheidender seien die Genugtuung und die Freude gewesen, an die eigenen Grenzen gegangen zu sein, so viel geleistet und mit den anderen Kindern so etwas Großartiges erlebt zu haben.

Wisi war ein Technik-Freak. Ihn faszinierte alles, was mit Konstruktion und Bauen zu tun hatte. Zu Weihnachten und auf den Geburtstag wünschte er sich jahrelang Lego-Technic-Baukästen, auch wenn er ein schlechtes Gewissen hatte, weil sie so teuer waren. Das Größte aber waren für ihn die richtigen Maschinen auf dem Hof. Er fand es »extrem cool«, mit dem Zweiachsmäher fahren zu dürfen, diesem vierrädrigen Mehrzweckfahrzeug mit Anhängerkupplung. Anfänglich begleitete ihn noch ein Erwachsener, bald aber war Wisi allein unterwegs, um Futterreste an den Waldrand zu transportieren und dort zu verzetteln. Dabei konnte es schon mal passieren, dass er hundert Meter auf der geteerten Straße fuhr, was erst recht Spaß machte, weil es verboten war.

Der Vater ließ ihn gewähren, weil er es gern sah, dass sich sein Sohn mit dem Betrieb identifizierte. Wisis Zimmer war nur durch eine Bretterwand vom Büro der Eltern getrennt. Dadurch bekam er viele geschäftliche Besprechungen und Telefonate mit. Schon ganz früh habe er gewusst, was auf dem Hof laufe. Sogar Administratives sei ihm vertraut gewesen und habe ihn interessiert.

Der Bielenhof war damals ein Milchwirtschaftsbetrieb mit dreißig Kühen und etwa fünfzig Jungtieren: Kälbern, Maisrindern (ein- bis zweijährig) und Zeitrindern (zwei- bis dreijährig). Rund dreißig, darunter auch zugekaufte Mastkälber, ließen Zgraggens jährlich in den Schlachthöfen Oensingen und Schwyz metzgen. 116 000 Liter Milch lieferten sie Jahr für Jahr als sogenannte Verkehrsmilch zum Verkauf ab.

Dem Zeitgeist entsprechend betrieb der Vater eine hochintensive Landwirtschaft mit dem Ziel, möglichst viel zu produzieren. Die Milchmenge wurde mit Kraftfutterzusätzen wie Mais und Soja gesteigert, das Futtergras mittels Zugabe von Kunstdünger und Phosphor optimiert. Das Wohlergehen der Tiere, die Biodiversität – die Pflege der Artenvielfalt – und weitere ökologische Aspekte, die die Landwirtschaft und Viehzucht heute in starkem Maß prägen, hatten noch einen geringeren Stellenwert.

Lange Arbeitstage waren eine Selbstverständlichkeit. Die Eltern standen morgens um fünf Uhr auf, eine halbe Stunde später war der Vater mit dem Onkel bereits im Stall. Zweimal pro Tag mussten sie die Kühe melken und füttern, was morgens vier bis fünf Stunden in Anspruch nahm und abends nochmals zwei bis drei. Den größten Teil der Milch transportierten sie nach Erstfeld in die Annahmestelle, mit dem Rest tränkten sie die Kälber. Weil auch Wisis Mutter im Betrieb mitarbeitete, mussten sich die Kinder ihr Frühstück selber zubereiten. Bevor sie zur Schule gingen, schaute Silvia noch rasch zum Rechten und verabschiedete sie.

Im Sommer brachten Zgraggens ihre älteren Kälber sowie kleinere Rinder für drei Monate auf die gepachteten Wiesen im Tessin. Andere Tiere ließen sie von Mitte Juni bis Mitte September auf der Alp Surenen im Engelbergtal weiden, das zum Kanton Uri gehört. Auf dem Bielenhof ging die Arbeit wie gewohnt weiter. Täglich musste frisches Gras für die dreißig Kühe im Anbindestall geschnitten werden. Der Vater bevorzugte diese Form der Fütterung, weil er so die Milchmenge besser kontrollieren konnte.

Wisi realisierte früh, dass seine Eltern wenig Geld hatten. Jeder Franken, der übrig war, floss in den Betrieb zurück: »Wir sind selten mit der Familie weggefahren«, erinnert er sich, »keine Ausflüge, Ferien schon gar nicht.« Erstmals so etwas wie Urlaub erlebte er mit vierzehn Jahren, als die Familie drei Tage lang mit einem Wohnwagen im Bündnerland unterwegs war: Sechs Personen, zusammengepfercht in einem Anhänger, der für vier gedacht war. Diese »Ferien« seien ihm vorgekommen wie eine Ewigkeit, und er sei froh gewesen, als sie zu Ende waren. »Cool war bloß, dass ich in der Schule endlich auch mal erzählen konnte, dass wir weg waren.« Eine Klassenkameradin hatte nämlich schon so viel Mitleid mit dem armen Bauernbub gehabt, dass sie ihm aus ihren Ferien in Italien einen Ledergürtel mitbrachte, auf dem Kühe abgebildet waren.

Als einziger Bauernsohn in seiner Klasse hatte es Wisi nicht leicht. Zgraggens hatten ihren Nachwuchs nicht in den Kindergarten geschickt, dessen Besuch damals noch fakultativ war. Sie fanden, daheim auf dem Hof gebe es genug Abwechslung. Gleichzeitig wollten sie die Erziehung nicht schon so früh aus der Hand geben. Im Grunde war es eine Entscheidung, die der Vater getroffen hatte. Ihm ging es auch darum, der Gemeinde Geld zu sparen. Mutter Silvia hätte ihre Kleinen ganz gern in den Kindergarten geschickt, fügte sich aber wie so oft, wenn Alois den Tarif durchgab. Sie sei halt eine Nachgiebige, seufzt sie, die nichts lieber wolle als Frieden und Harmonie. Dass sie sich noch kein einziges Mal mit ihrem Mann gestritten habe, sei ein Segen für sie.

Wisi aber zahlte einen hohen Preis für den pädagogischen

Alleingang seiner Eltern, fand er doch kaum Anschluss bei seinen Klassenkameraden, die sich schon kannten und am ersten Schultag nur ein Kind komisch anguckten: ihn. Dazu wohnte kein Mitschüler in seiner Nachbarschaft, sodass er mit niemandem den Heimweg teilen konnte, sondern die zweieinhalb Kilometer stets mutterseelenallein zurücklegen musste. Weil seine Eltern ihm und seinen Schwestern untersagten, in Jugendgruppen oder Vereinen mitzumachen – aus Angst, die Kinder stünden sonst an ihren freien Nachmittagen nicht auf dem Hof zur Verfügung –, knüpfte er lange Zeit auch im Dorf keine Kontakte. Er konnte sich mit niemandem verabreden und musste absagen, wenn er einmal an ein Geburtstagsfest eingeladen war.

»Mein Verhalten machte mich zum Außenseiter; ich kam bei den anderen Buben und Mädchen schlecht an«, sagt Wisi, »sie stammten mehrheitlich aus Erstfelder Eisenbahnerfamilien und hatten keine Ahnung vom Leben auf einem Bauernhof.« Für sie habe er wohl gewirkt wie ein Wesen aus einem anderen Jahrhundert: hinterwäldlerisch, bescheiden, ja regelrecht arm. Er besaß weder Adidas-Turnschuhe noch Markenkleider. In der Schulpause hatte er keine Süßigkeiten dabei, sondern aß ein Stück Brot und einen Apfel. Während alle auf ihrem Gameboy »Super Mario« spielten, wusste er nicht einmal, was das war.

Auch für Fußball, das Hobby der meisten anderen Buben, konnte er sich nicht richtig erwärmen. »Da konnte ich ja meine Hände gar nicht gebrauchen«, sagt Wisi, »und die Hände waren meine Lieblingskörperteile.« Er habe von der Arbeit auf dem Hof viel Kraft gehabt und sich wahnsinnig gefreut, als sie im Sportunterricht endlich an die langen Kletterstangen durften. Seinen Klassenkameraden konnte er damit allerdings nur beschränkt Eindruck machen; sie hänselten ihn weiterhin.

Besonders schmerzlich erlebte Wisi die Ausgrenzung jeweils morgens und mittags, wenn sich die Klasse vor dem Schulzimmer in einer Zweierkolonne aufstellen musste und ihm niemand die Hand geben wollte. Er habe zu allem hin noch »sehr spezielle Hände« gehabt, übersät mit Warzen, die erst in der dritten Klasse vollständig verschwunden seien – »dank inständigem Beten«.

Unter diesen Umständen wagte er es auch nicht, seinem Schulschatz Barbara Hiltbrunner, die in dieselbe Klasse ging, zu gestehen, dass er in sie verknallt war. Dabei gefiel ihm rundherum alles an ihr: Er fand sie freundlich, aufgestellt, mochte ihr Lachen und war beeindruckt, wie gut sie im Sport war. Als er in der zweiten Klasse einmal mit ihr Rechenaufgaben lösen musste, war er so verlegen, dass er rot anlief und »keinen geraden Gedanken mehr denken konnte«. Es sei ein einziger Stress gewesen, erzählt er, und es wäre furchtbar gewesen, wenn seine Mitschüler ihn ausgelacht hätten. Also schwieg er eisern.

Dass er die jahrelange Ausgrenzung einigermaßen unbeschadet überstand, verdankte er seiner Lehrerin. Fräulein Massenz habe ihn allen Widerständen zum Trotz zu integrieren versucht. Das Beeindruckende an ihr sei gewesen, dass sie als Folge der Kinderlähmung einen lahmen Arm hatte und trotzdem Handarbeits- und Werkunterricht erteilte. Es habe sogar Lehrer im Schulhaus gegeben, die nicht realisiert hätten, dass sie körperlich eingeschränkt war. »Sie hat mir einen Rieseneindruck gemacht«, sagt Wisi.

Stefania Massenz ist inzwischen pensioniert. Die Italienerin, die seit knapp fünfzig Jahren in Erstfeld lebt, ist gern bereit, die Erinnerungen an ihren ehemaligen Schüler zu teilen. »Wenn ich an Wisi denke«, hebt sie bei einem perfekten Espresso in ihrem Wohnzimmer an, »sehe ich seine strahlenden blauen Augen, aus denen mich eine reine, unverdorbene Kinderseele anschaute.« Schon beim ersten Kontakt habe sie gewusst, dass sie dem schüchternen Bub Sorge tragen müsse, damit er nicht überfordert werde. Für ihn sei alles neu gewesen, wie ein Schwamm habe er alles in sich aufgesogen und ständig gefragt: »Was ist das, Fräulein Massenz? Wie geht das?« Gleichzeitig sei er als Bauernsohn ein Exot gewesen, und seine Klassenkameraden hätten geradezu gewittert, dass er ein ideales Opfer für Hänseleien abgebe.

Wisis Stärken seien sein handwerkliches Geschick gewesen, sein Interesse an der Natur und seine unglaubliche Beobachtungsgabe. »Ich war mir immer sicher, dass er seinen Weg machen wird.« Als sie von seinem Unfall erfahren habe, sei sie schockiert gewesen. Umso mehr freue es sie, dass er diesen Schicksalsschlag so gut bewältigt habe.

Wisi muss lachen, als er hört, wie wohlwollend sich seine ehemalige Lehrerin an ihn erinnert. »War ich wirklich so ein Heiliger?«, fragt er zweifelnd. Was er hingegen noch genau weiß, ist, wie sehr ihn Stefania Massenz für alles Mögliche begeistert habe. Dank ihr liebte er den Handarbeitsunterricht, wo er stricken und mit der Maschine nähen lernte. Auch das Rechnen fiel ihm in ihrem Unterricht leichter, obwohl ihm das Fach damals zu abstrakt war und letztlich fremd blieb.

Ein richtiger Horror waren für ihn Fächer wie Lesen, Schreiben und Sprache. Er gesteht, dass er während seiner ganzen Schulzeit gerade mal drei Bücher gelesen habe: die Kinderbibel, »Ronja Räubertochter« und »Anne Frank«. Seither sei an Belletristik nichts hinzugekommen, dafür studiere er aber seit der Lehre Fachliteratur.

Stefania Massenz muss wirklich viel Verständnis für Wisi gehabt haben. Wenn er in den Ferien wieder mal keinen Buchstaben gelesen, keine Rechenaufgabe gelöst und den ganzen Unterrichtsstoff vergessen habe, sei sie nachsichtig gewesen und habe ihm Zeit eingeräumt, den Anschluss zu finden, erzählt er. Am Ende der dritten Klasse habe sie ihm zum Abschied ein Kärtchen mit folgenden Worten geschenkt: »Wisi, du hast zwei goldene Hände.«

Ihr Nachfolger Jakob Truttmann habe dem Schönschreiben weniger Bedeutung beigemessen als Fräulein Massenz, doch sei das Werken auch bei ihm hoch im Kurs gestanden; man habe enorm viel bei ihm gelernt. Eine Aufgabe, die Wisi begeisterte, lautete: Konstruiert ein Gerät, das drei verschiedene Funktionen erfüllt! Er baute einen rund vierzig Zentimeter langen Sattellasterzug aus Holz. Dank drehbaren Rädern konnte er fahren, die Kabinentüren ließen sich öffnen, und die Ladebrücke konnte man kippen.

Er sei im Werken »einsame Spitze« gewesen, erzählt Wisi nicht ohne Stolz, habe aber immer noch keinen Zugang zum Lesen gefunden. Es habe ihn kein einziges Buch interessiert, auch daheim sei das Lesen nicht gefördert worden. »Wie auch? Die Eltern hatten ja nie Zeit für etwas anderes als die Arbeit auf dem Hof.« Hingegen begeisterte er sich in jener Zeit fürs Backen. Er habe für seine Familie Dutzende von Rüeblitorten gemacht.

Wisi war froh, dass er in seiner Klasse inzwischen besser akzeptiert wurde. Es sei hart gewesen, immer der Sonderling zu sein, der nicht zur Gemeinschaft dazugehörte. »Ich hatte mich nicht nur fremd, sondern auch falsch gefühlt.« Nach vier gemeinsamen Jahren hatten sich die anderen Kinder nun aber langsam an den »komischen Vogel« vom Bielenhof gewöhnt. Wisi war zwar immer noch das einzige Bauernkind, hatte aber in Hermann Epp, einem Knaben, der mit seiner Familie von

Silenen nach Erstfeld gezogen war, einen Kollegen gefunden, der als Neuling auch auf der Suche nach Anschluss war und sich freute, dass er und Wisi wenigstens einen halben Kilometer gemeinsamen Schulweg hatten. Kam dazu, dass der kleine Hermann ein erstklassiger Fußballer war und die Klassenkameraden mit seinem Können beeindruckte. Davon profitierte auch Wisi, dessen Status sich dank der neuen Beziehung deutlich verbesserte.

Von einem Schüler wurde Wisi aber auch in der sechsten Klasse permanent gequält. Lehrer Truttmann unternahm nichts dagegen, obwohl ihn Wisi um Unterstützung bat. Da verlor er die Geduld und ging mit den Fäusten auf den Gegner los. »Sein Gesicht und den Bauch habe ich verschont, aber stark und geladen, wie ich war, müssen meine Schläge gereicht haben, um ihm nachhaltig Eindruck zu machen.« Jedenfalls wurde der andere in den zwei Wochen, die bis zu den Sommerferien blieben, täglich von seinem Vater in die Schule begleitet. Wisi ließ er fortan in Ruhe. Auch die anderen Kinder wussten das Zeichen zu deuten.

In der Sekundarschule wurde alles nochmals anders. Wisis Klasse wurde neu zusammengestellt, und diesmal dominierten nicht die Kinder der Lokomotivführer, Kondukteure und Gleisarbeiter, sondern Buben und Mädchen, deren Väter handwerkliche Berufe ausübten. Weil erstmals einige Schulkameraden in der Nähe des Bielenhofs wohnten, wurde Wisi häufiger zu anderen Kindern nach Hause eingeladen. Seine Eltern ließen ihm etwas mehr Freiraum. Doch weil er sein Bedürfnis nach gleichaltriger Gesellschaft größtenteils auf dem Hof befriedigen konnte, ging er nur selten hin.

Im Unterricht interessierten ihn unterdessen die naturwissenschaftlich-mathematischen Fächer – Naturkunde, Physik, Chemie, Geometrie und Rechnen – am meisten, weil sie seinen analytischen Verstand forderten. Nach Lösungen zu suchen, habe ihn fasziniert. Seinen knapp sechzigjährigen Lehrer Guido Giger hat er als »sehr streng im Umgang, aber auch ein wenig ausgebrannt« in Erinnerung. Schön sei gewesen, dass er der Landwirtschaft viel Wertschätzung entgegenbracht und Verständnis gehabt habe, wenn die Hausaufgaben aus Zeitmangel wieder mal unerledigt blieben.

Das letzte halbe Jahr vor dem Sekundarschulabschluss hat Wisi in besonders guter Erinnerung. »In dieser Zeit haben wir nicht mehr viel Schlaues gelernt, und so bin ich nur noch selten in die Schule gegangen.« Wenn es auf dem Hof viel Arbeit gab, blieb er einfach weg. Lehrer Giger habe seine vielen Absenzen kommentarlos akzeptiert. Am Ende hielt Wisi jedenfalls das angestrebte Abschlusszeugnis in der Hand.

Lehr- und Wanderjahre

Schon als Neunjähriger beschloss Wisi, Bauer zu werden. Den Ausschlag gab Jost Gisler, ein Meisterlandwirt, Braunviehzüchter und Besamungstechniker aus Erstfeld, der auf den Bielenhof kam, um Zgraggens Milchkühe künstlich zu befruchten. Sein Auftreten, sein Wissen und sein Engagement für die Landwirtschaft beeindruckten den Buben. Fasziniert hörte er den Gesprächen zu, die sein Vater mit dem Gisler Jost führte, und merkte immer deutlicher, dass es auch ihn zur Landwirtschaft zog. Das war das Richtige, da wollte er auch hin: in der Natur arbeiten, sein eigener Herr und Meister sein, wertvolle Produkte wie Milch und Fleisch produzieren, und das mit einem Grundstoff, der um den Hof in Hülle und Fülle vorhanden war – Gras. Gras, das dem Menschen zunächst wenig nützt, aber zu wichtigen Nahrungsmitteln veredelt werden kann. Es sei doch genial, sich an diesem Kreislauf zu beteiligen, bei dem man die Naturgesetze respektieren müsse, aber dennoch Spielraum für Verbesserungen habe.

Schon als Bub sei ihm bewusst gewesen, dass es Bauern gab, die viel gutes Gras produzierten, und andere, die nur einen geringen, minderwertigen Ertrag vorzuweisen hatten. Wisi wollte ein sehr guter Bauer werden und beschloss, eines Tages die Ausbildung zum Meisterlandwirt zu machen. Doch davon sagte er niemandem etwas. Erst, als er viele Jahre später das Diplom erworben hatte, erzählte er seinen Eltern, wie lange ihn dieser Wunsch schon begleitet hatte.

Das erste Lehrjahr verbrachte er im solothurnischen Laupersdorf bei Balsthal auf dem Hof eines Landwirts, der zwei Dutzend Milchkühe hatte, Munimast betrieb und Weizen, Gerste, Raps, Mais und Zuckerrüben anbaute. Zudem betreute er drei Pensionspferde. Er hielt seine Kühe in einem Laufstall und gewährte ihnen damit größere Bewegungsfreiheit als in einem Anbindestall, wie ihn Wisi von daheim kannte.

Maschinell war der Betrieb zu seiner großen Freude gut ausgerüstet. Ja, Wisi hatte Glück mit seinem Lehrmeister. Dieser hatte dem Siebzehnjährigen viel zu bieten, traute ihm aber auch etwas zu und ließ ihn den Hof einmal vierzehn Tage allein führen, als er abwesend war.

Wisi arbeitete viel, sieben Tage am Stück waren keine Seltenheit. In der Anfangszeit verbrachte er einen ganzen Monat nonstop am neuen Ort, ohne seine Familie zu sehen. Doch er empfand die Arbeit nicht als Belastung, im Gegenteil, er genoss es, die »coolen, modernen Maschinen kennen zu lernen«, die es beispielsweise ermöglichten, das Gras in einem Arbeitsgang zu mähen und in den angehängten Ladewagen zu verfrachten. Eingrasen heißt das in der Fachsprache.

Ideal war auch, dass Wisis Lehrmeister in großem Stil Ackerbau betrieb und das Unterrichtsthema im ersten Jahr an der Berufsschule in Olten Pflanzenbau war. Schon früh realisierte Wisi, wie sehr ihn der Ackerbau, aber auch die Graswirtschaft interessierten. »Der Boden fasziniert mich, und meiner Meinung nach sollte ein Bauer nicht nur von Tieren, sondern auch von Pflanzen etwas verstehen.« Der Erfolg eines Betriebs hänge entscheidend vom Pflanzenbau ab. »Da fängts an.« Sein Interesse ermöglichte ihm nun endlich auch den Zugang zu einer Welt, die ihm bisher verschlossen war: Der junge Urner begann zu lesen, weil er mehr wissen und Neues lernen wollte. Er verschlang alles, was ihm an Fachliteratur in die Finger kam. Im ersten Lehrjahr verfasste er ein Betriebsheft, in dem er tagebuchartig seine Arbeit beschrieb und dazu Skizzen vom Innenleben der Maschinen anfertigte.

Den Höhepunkt des ersten Lehrjahres bildete ein Abschlussabend in Olten mit Vertretern der Regierung, allen Lehrlingen, Lehrmeistern und Berufsschuldozenten, den Wisi moderieren musste. Sein Urner Dialekt, der den Leuten gefiel, hatte ihm diese ehrenvolle Aufgabe eingetragen. So überwand er sich trotz Lampenfieber und zittrigen Händen, zum ersten Mal in seinem Leben vor rund 200 Personen zu reden.

Leider konnten seine Eltern nicht dabei sein, weil die Arbeit auf dem Hof sie mehr denn je forderte. Schließlich fehlten zwei starke Hände, die bisher mitangepackt hatten. Schade, denn Wisi reizte die Moderation nicht zuletzt deshalb, weil er seinen Vater immer bewundert hatte, wenn dieser auf dem Bielenhof vor Reisegruppen frei sprach und die Besucher fasziniert zuhörten. Da hätte Wisi doch zu gern gewusst, was sein Vater zu seinem Auftritt gesagt hätte.

Inzwischen stand der junge Mann auch finanziell auf eigenen Beinen. Im ersten Lehrjahr verdiente er monatlich 540 Franken plus Kost und Logis. Damit bestritt er auch seine Ausgaben für die Krankenversicherung, Zug und Bus. Weil er daheim kein Geld abgeben musste, vom Lehrmeister für besondere Leistungen mit einem Trinkgeld belohnt wurde und in seinen fünf Wochen Ferien auch noch die Kosten fürs Essen und Übernachten ausbezahlt bekam, konnte er sogar ein wenig Geld auf die Seite legen.

Umso mehr, als er bescheiden lebte und seine Abendunterhaltung darin bestand, im Fernsehen die »Tagesschau« und hin und wieder einen Film oder eine Dokumentarsendung anzuschauen. Mehr brauchte er nicht.

Im zweiten Ausbildungsjahr ging ein lang gehegter Wunsch in Erfüllung: Wisi wurde Lehrling bei Jost Gisler, seinem Vorbild aus Bubentagen, dessen Hof keine fünf Kilometer vom elterlichen Betrieb entfernt war. Das Schwerpunktthema an der Schule lautete nun Tierhaltung. Perfekt, war die Viehzucht doch Gislers große Stärke. In den Sommermonaten schickte er seinen Lehrling und seine bereits siebzigjährigen Eltern mit rund dreißig Kühen auf die Alp Eyelen bei Engelberg OW, wo sie für eine intensive Milchproduktion besorgt waren und jeden Morgen viele Liter in die Käserei bringen konnten. Sie trieben die Kühe jeden Tag in eine neue Parzelle mit frischem Gras, die sie vorgängig einzäunen mussten.

Die Arbeit war anstrengend, und Wisi schleppte sich gegen 21 Uhr jeweils todmüde ins Bett. Die Hütte war eng, die Bettstatt hart, das Schneewasser des angrenzenden Wasserfalls, mit dem er sich wusch, eiskalt und das Plumpsklo äußerst rustikal. Gleichwohl erlebte er diese Monate als »super Zeit«. Er konnte wiederum sehr selbständig arbeiten und lernte mit Gislers Eltern Menschen kennen, die ihm ans Herz wuchsen: er ein ewiger Lausbub, der stets zu einem Scherz aufgelegt war, sie eine liebenswürdige, engagierte Bauernfrau, die sich, so Wisi, viel zu viele Sorgen um den Betrieb machte und jedes Mal befürchtete, es werde regnen, wenn sie gerade Gras geschnitten hatten, aus dem Heu werden sollte.

Bevor Wisi an die kantonale Bauernschule in Seedorf wechselte, legte er als Achtzehnjähriger die Autoprüfung ab. Dann erwarteten ihn zwei Winterhalbjahre, in denen er von morgens bis abends theoretischen Unterricht hatte. In dieser Zeit benutzte er das Auto seiner Eltern und brachte auf dem Weg zur Schule morgens jeweils zuerst die Milch vom Bielenhof zur Annahmestelle in Erstfeld. In den Sommermonaten arbeitete er auf dem elterlichen Betrieb mit. Am Ende der vierjährigen Ausbildung erhielt er den Eidgenössischen Fähigkeitsausweis als Landwirt.

Direkt anschließend, Wisi war 21 Jahre alt, rückte er in die Rekrutenschule ein, die er als Bauernsohn gemeinsam mit vielen anderen jungen Berufskollegen beim Train absolvierte. Er mochte die Arbeit mit den Pferden, auch wenn sie anstrengend war. Beispielsweise wenn sie mit den Tieren, die ständig beschleunigten, beim Aufstieg auf einen Berg mithalten mussten.

Im Zuge der Emanzipation tauchten damals auch die ersten weiblichen Soldaten auf. Zum Train hatten es – nebst hundert Männern – auch drei Frauen geschafft. Es war klar, dass sie in einem separaten Raum übernachteten, den die Männer nicht betreten durften. Umgekehrt galt dieselbe Vorschrift, und trotzdem setzte sich eine der Frauen darüber hinweg und kam eines Abends vor dem Ausgang in den Männersaal. Wisi fühlte sich gestört und forderte sie auf, zu verschwinden, sonst werfe er sie in den Brunnen. Als sie nichts dergleichen tat, machte er seine Ankündigung wahr und schmiss sie in der Ausgehuniform ins Wasser. Sie war empört und drohte mit einer Beschwerde. Von da an machte sie aber einen großen Bogen um die Unterkunft der Männer. Wisi lacht. Er sei sonst gar nicht so forsch, betont er mit Nachdruck. »Aber wenn man im Recht ist, darf man sich auch wehren.«

Erfreut war der Technik-Begeisterte, als ihm seine Vorgesetzten die Zusatzausbildung zum Sprengpionier bewilligten. Er habe die siebzehn Wochen RS in guter Erinnerung, erzählt er. Frei von politischen Vorbehalten gegen das Militär und angetan von der Kameradschaft, nennt er diese Zeit »eine Art Lebensschule«, die ihn zwar oft an wichtigeren Verrichtungen auf dem Hof gehindert, aber auch neue Kontakte und Erfahrungen ermöglicht habe. Nach dem Militärdienst kehrte Wisi endgültig auf den Bielenhof zurück.

Mit dem Beginn der Lehre hatte er auch sein Umfeld bewusst neu gestaltet. Er brach alle Kontakte zu den Schulkolleginnen und -kollegen aus Erstfeld ab. Im ersten Jahr war er sowieso ständig in Solothurn und auch an den Wochenenden nur selten daheim. Doch unabhängig davon zog es ihn in jener Zeit zu anderen Menschen. Er orientierte sich Richtung Landjugend, wo seine Schwester Silvia Vorstandsmitglied war und ihn einführte. Wisi besuchte Kurse in Volkstanz, aber auch in Rock'n'Roll und Jive, auch wenn er kein Partygänger war, der gern an der Bar hing, um mit anderen Leuten zu quatschen. Bis zum Beginn seiner Lehre sei er höchstens fünf- bis sechsmal pro Jahr im Ausgang gewesen.

In jenen Jahren war die Gesellschaft in Aufruhr, weil sich immer mehr junge Menschen in Zürich und anderen Städten mit Heroin, Kokain und anderen Drogen vollpumpten, was Dutzenden das Leben kostete. In Erstfeld, dem Eisenbahnerdorf, in dem die Züge aus Zürich und dem Tessin regelmäßig anhielten, soll es ein Leichtes gewesen sein, an harte Drogen zu kommen. In der Schule warnten die Lehrerinnen und Lehrer die jungen Leute eindringlich vor den Gefahren. Auch Wisi spürte gut, dass seine Eltern Vorbehalte hatten, wenn eines ihrer Kinder am Abend noch wegwollte.

Da waren die Treffen mit der Landjugend etwas anderes. Hier

standen der Tanz und die Musik im Vordergrund, Feste, am besten mit Livegruppen wie den Stargos aus dem Muotatal, die vom Ländler über den Marsch bis zum Abba-Schlager und Rocksongs alles spielten, was das Publikum zum Tanzen animierte. Wisi liebte diese Abende, die er irgendwann auch mit der Bauerntochter Maria-Theresia Iten besuchte, seiner ersten großen Liebe. Als die Beziehung nach einem halben Jahr zerbrach, weil die beiden feststellten, dass sie doch nicht zueinanderpassten, mied Wisi die Landjugend. Zu viele schmerzliche Erinnerungen trübten seine Freude.

Dafür trat er nun der Trachtengruppe Altdorf bei, wo man den jungen Mann angesichts der Nachwuchsprobleme umso herzlicher willkommen hieß. Dort lernte er neue Leute kennen, die ihm zusagten: Bauern und ländlich orientierte Frauen und Männer, die Volkstänze liebten, das Brauchtum pflegten und sich als Gemeinschaft verstanden, in der man einander auch einmal uneigennützig half.

Das Wichtigste aber war der wöchentliche Abend, an dem man neue Tänze einstudierte. Wisi genoss es besonders, wenn mindestens fünf Paare eine Formation bildeten und »rassige Stücke mit Zupf« gespielt wurden, die ihm so richtig in die Beine fuhren. Der Lohn der Proben waren Heimatabende und andere Veranstaltungen, an denen die Trachtengruppe vor Publikum auftrat. Dabei trug Wisi seinen kostbaren Trachtenanzug, den ihm die Mutter genäht hatte. An solchen Abenden konnte es auch mal spät werden, die jungen Leute tranken Wein und genossen das Leben. Wisi wusste, dass die Arbeit am darauffolgenden Morgen keinen Aufschub duldete und er früh im Stall sein musste. Eine alte Bauernregel laute schließlich: »Wenn man am Abend mag, mag man auch am Morgen.«

In jenen Jahren lernte Mutter Silvia das Zehnfingersystem und nutzte vermehrt den Computer, um die Buchhaltung und Korrespondenz speditiver zu erledigen. Wisi hatte zwar in der Schule Schreibmaschinenunterricht gehabt, aber er war nicht besonders geeignet für die Arbeit im Büro. »Ich hatte zu große Hände, starke Arbeiterhände, ja, riesige ›Pratzen‹ mit einer dicken Hornhaut von der täglichen Arbeit mit Schaufeln und Heugabeln.«

Fünf Generationen

In der Zgraggenstube, in der Vater Alois und Mutter Silvia Gesellschaften bewirten, zieht ein großer, von Hand gemalter Familienstammbaum die Aufmerksamkeit auf sich. Er zeigt, dass die Zgraggens seit 1871 auf dem Bielenhof bauern. Damals heiratete Wisis Ururgroßvater Josef eine Barbara Furrer und übernahm den Hof ihrer Eltern, die keinen Stammhalter hatten. Sie bekamen drei Söhne. Traditionsgemäß erhielt der Älteste den Vornamen seines Vaters.

Als er erwachsen war, heiratete er Amanzia Wipfli, mit der er neun Kinder hatte, von denen nur sechs überlebten. Selbstverständlich hieß der Erstgeborene wiederum Josef, doch starb der Bub, als er vier Tage alt war. Um wenigstens den Namen zu retten, nannte man den jüngsten Sepp.

Die fünf Kinder verloren ihren Vater früh. Mit 56 ereilte ihn der Tod unter tragischen Umständen. Eine mächtige Lawine war niedergegangen und hatte Dutzende von Bäumen mit ins Tal gerissen. Der Vater glaubte, er habe das Recht, sich des Holzes zu bemächtigen, das weit verstreut auf seinem Land herumlag. Juristisch gesehen, gehörte es aber der Bürgergemeinde.

Josef war gerade im warmen Stall und molk eine seiner zehn Kühe, als ein Vertreter der Bürgergemeinde auf den Hof kam, ihn herausrief und in eine Diskussion über die leidige Holzgeschichte verwickelte. Verschwitzt von der Stallarbeit und alsbald in Rage, handelte er sich in der eisigen Kälte eine Lungenentzündung ein, die auf das Brustfell übergriff. Weil es damals noch keine Antibiotika gab, half auch ein Kuraufenthalt in Davos nichts mehr.

Amanzia führte den Betrieb kurze Zeit mit fremder Hilfe weiter. Sobald ihr ältester Sohn Alois sechzehn Jahre alt war, erklärte ihn die Urner Regierung für mündig und berechtigte ihn, den Bielenhof zu übernehmen.

In den Dreißigerjahren herrschten schlechte wirtschaftliche Zeiten, der Zweite Weltkrieg kündigte sich an. Weder Alois noch sein jüngerer Bruder Sepp hatten einen Beruf erlernt; das Wissen, das sie in der Primarschule erworben hatten, war alles, was sie mitbrachten. Was fehlte, eigneten sie sich in der Praxis an: learning by doing.

Als Sepp ins Militär einrücken musste, ertrank Alois auf dem Hof beinahe in der Arbeit. Damit nicht genug: Bei einem Manöver im Urnerland ließen Offiziere großräumig Nebelpetarden abschießen, um die eigenen Stellungen vor dem imaginären Feind zu verbergen. Die Folgen für die Landwirtschaft waren verheerend. Chemische Rückstände vergifteten das grasende Vieh. Viele Kühe wurden nicht mehr trächtig oder erlitten Fehlgeburten, die Jungtiere wurden gar nicht erst geschlechtsreif, kranke Rinder und Kälber mussten notgeschlachtet werden. Viele Bauern gerieten darob in existenzielle Not, und es dauerte Jahre, bis sie vom Bund zumindest halbwegs entschädigt wurden.

Nicht zuletzt deshalb engagierte sich Alois in der landwirtschaftlichen Genossenschaft. Er war ein geschickter Taktiker und setzte sich insbesondere für die kleineren Betriebe ein, die – wie die Zgraggens – allesamt Selbstversorger waren. Bis 1950 umfasste der Bielenhof nur 4,5 Hektaren Land – gerade genug, um die Familien von Alois und Sepp zu ernähren. Ihre drei Geschwister hatten den Hof verlassen.

Die beiden Brüder hatten zusammen mit ihren Frauen viele hungrige Mäuler zu stopfen: Der jüngere Sepp hatte nicht weniger als elf Kinder und Alois, der den Hof führte, deren acht. Seinen Stammhalter, geboren 1945, taufte er natürlich auf den Namen Alois. Dieser Alois, inzwischen 71-jährig, ist Wisis Vater. Bei einem Gespräch in der Wohnküche erinnert er sich an seine Jugendjahre, die von Armut und einem ständigen Kampf um die Existenz geprägt waren.

An Reisen, Ausflüge oder neue Kleider sei überhaupt nicht zu denken gewesen, beginnt er zu erzählen. Wenn die Schuhe Löcher in den Sohlen hatten, habe es oft Monate gedauert, bis die Eltern ein neues Paar kaufen konnten. »Hunger leiden mussten wir aber nie.« Jeweils im Herbst habe man zwei Schweine geschlachtet. Das Blut wurde gekocht, das Fleisch verwurstet, kühl gelagert oder geräuchert. Die Vorräte mussten mindestens ein halbes Jahr reichen. Es wurde alles gegessen: Leber, Lunge, Hirn, die Kutteln. Dazu gab es Kartoffeln vom Acker, gedörrte Birnen und Nüsse von den eigenen Bäumen sowie Milch und Most. »Ab und zu haben die Eltern im Dorf Makkaroni gekauft, Mais in Fünfzigkilosäcken oder Zucker, alles andere kam von unserem Hof.«

Sein Vater sei ein umtriebiger Mann gewesen, der gern politisiert und sich sozial engagiert habe. Er habe die Landi präsidiert und den kantonalen Bauernverband, sei Gemeinderat gewesen und sechzehn Jahre lang Urner Kantonsrat, dazu Mitglied des Kirchenrats in Erstfeld. Für eine jährliche Entschädigung von

1200 Franken oblag ihm als Waisenvogt zudem die Verantwortung für rund vierzig bevormundete Menschen im Dorf.

Zum Dank sei der Vater oft zu einem Glas Wein, einem Kaffee-Schnaps oder auch mehreren eingeladen worden. Alois gibt es nur ungern zu, aber es lasse sich nicht leugnen: »Der Vater hat viel zu viel getrunken, dazu stark geraucht und unser Familieneinkommen damit unverhältnismäßig strapaziert.« Es sei für ihn als Sohn bedrückend gewesen, mitzuerleben, wie ihn die Mutter stets in Schutz genommen und alles Unschöne verdrängt habe: »Aber was ist einer Bauernfrau mit acht Kindern dannzumal auch anderes übrig geblieben?«

Der kleine Alois musste tüchtig mitanpacken. Oft half er seinem Vater schon vor der Schule, das Heu in den Stall zu bringen. Dabei hätten sie gewetteifert, wer schneller war, und die anstrengende Arbeit zum Spiel gemacht. Auch an freien Tagen und in den Ferien sei er ständig auf den Wiesen oder im Stall gewesen, habe gemistet oder gedüngt. Besonders gern erinnert er sich »an das Privileg, die Kuh auf die Wiese zu führen, die den ersten Mistwagen in der Geschichte des Bielenhofs hinter sich herzog«.

Solche Aufgaben hätten ihn mit Stolz erfüllt, sagt Alois. Genauso wie die Verantwortung für Kühe und Kälbchen, die der Vater ihm und seinen beiden jüngeren Brüdern bald einmal übertragen habe. Die mussten sie putzen, bürsten und striegeln, was schnell dazu führte, dass sie eine Beziehung zu den Tieren bekamen und auch ein Auge für deren Vorzüge: Welche Kuh hat das beste Kälbchen? Welche das schönste Euter? Welche das glänzendste Fell?

Im Sommer trieben sie das Vieh frühmorgens auf die Weide, wenn es noch kalt war und sie an ihren nackten Füßen froren. Brünstige Kühe brachten sie zu einem Nachbarn, um sie von seinem Stier decken zu lassen. Geradezu abenteuerlich wurde es, wenn sie Rinder überführen mussten, die erstmals gedeckt wurden und es nicht gewohnt waren, an einem Strick zu laufen. Besonders wilde Tiere rissen sich schnell einmal los, und die Burschen mussten sie wieder einfangen.

Alois war noch keine zehn Jahre alt, als er bereits ganze Nachmittage allein auf dem Hof verbrachte und mehr als einmal Entscheide fällen musste, ohne den Vater um Rat fragen zu können. Wenn dieser wieder einmal wegblieb und die Brüder am Abend auf sich allein gestellt waren, veranstalteten sie regelrechte Wettkämpfe und schrieben feinsäuberlich auf, wer wie viele Kühe gemolken hatte. Ende Monat zogen sie Bilanz und bestimmten den Sieger.

Da im Winter viel Brennholz benötigt wurde, um zu heizen, spannte der Vater die Buben auch ein, wenn es in den Wald zum Holzschlagen ging. Alois lacht, wenn er an die bescheidenen Verhältnisse denkt, die damals bei ihnen daheim herrschten: Im ganzen Haus gab es einen einzigen Ofen, der die Stube und mittels eines Schiebers das Elternschlafzimmer und eine Kammer wärmte. Der Steinboden in der Küche wurde schnell kalt, wenn das Herdfeuer nicht mehr brannte. In besonderer Erinnerung habe er den sogenannten Turner, einen Pfosten mit einem beweglichen Arm, an dem ein Kessel hing. In diesen goss man Milch, worauf der Arm, ähnlich wie der Ausleger eines Krans, über das offene Feuer geschwenkt wurde. Auf diese Art entstand »Bruch«, eine Art Käse aus Rohmilch.

Wie alle Buben war auch Alois fasziniert von den ersten landwirtschaftlichen Maschinen. Der Motormäher seines Vaters hatte leider noch keinen Rückwärtsgang, und so musste er lange auf das neue Modell warten, das 3000 Franken kostete. Zu dem großen Betrag war der Vater nur gekommen, weil seine Schwester ihre Lebensversicherung aufgelöst und ihm das Geld geliehen hatte. Alois war begeistert, durfte er doch sofort mit der modernen Maschine arbeiten. Weil sie sehr kleine Räder hatte, beschwerte er sie mit Holzbrettern, die ihr Eigengewicht vergrößerten und sie zugkräftiger machten. Um solche Einfälle sei er nie verlegen gewesen.

Alois sagt, er habe eine glückliche Kindheit gehabt und sich nie etwas anderes gewünscht, weil er gar nichts anderes gekannt habe. Die Schule sei für ihn nebensächlich gewesen, obwohl er gern in den Turn-, Zeichen- und Rechenunterricht gegangen sei und auch den Ehrgeiz gehabt habe, in keinem Fach durchzufallen.

Die Prüfung für die Sekundarschule habe er »tipptopp bestanden«, sie dann aber nicht besucht: »Wozu noch mehr Schule?« Der Hof habe ihn wesentlich mehr interessiert. Mit fünf, sechs Kameraden absolvierte er immerhin noch ein siebtes Primarschuljahr, genoss aber große Freiheiten, weil der Lehrer seine Aufgabe nicht besonders ernst nahm. Er tolerierte, dass das Grüppchen den Unterricht an schönen Sommernachmittagen konsequent schwänzte. Danach war Schluss, Schulpflicht erfüllt. Der Lehrer fragte ihn beim Abschied, ob er sich gerüstet fühle fürs Leben. Alois bejahte voller Überzeugung.

Mit seinen vierzehn Jahren brachte er gerade einmal 37 Kilogramm auf die Waage, war aber sehr zäh: »Ich konnte rennen wie verrückt, war flink wie ein Wiesel und fühlte mich unbesiegbar.« Nebst der Arbeit auf dem Bielenhof leistete er Kurzeinsätze bei Bauern in der Umgebung, die Hilfe brauchten. Eine Lehre machte er nicht. Niemand motivierte oder drängte ihn dazu, und er selber fand sein Leben spannend und lehrreich genug.

Kaum sechzehn geworden, vermittelte ihn ein Onkel als Hilfskraft zu einem Bauern ins luzernische Adligenswil. Dort hatte ein verheerender Sturm zahlreiche Bäume geknickt, die Alois fällen, entasten, entrinden und abtransportieren musste. Die Bedingungen waren gnadenlos: der Waldboden gefroren, an den Füßen »furchtbar alte Schuhe«, die kaum Schutz gegen die eisige Kälte boten. Mitunter sei es so schlimm gewesen, dass er zu einem nahen Stall rennen, sich Schuhe und Strümpfe herunterreißen und den »Chuenagel« aus seinen Zehen habe massieren müssen.

Was ihm zusätzlich Mühe bereitete, war das Ross seines Arbeitgebers, mit dem er die Baumstämme aus dem tief verschneiten Wald ziehen musste. Er beherrschte das riesige Tier nicht richtig, sodass es ihm prompt einmal ausbrach und zwei Ackerpferden hinterhergaloppierte. Spaß habe ihm hingegen der hofeigene Unimog bereitet, ein geländegängiges Fahrzeug, mit dem er viel unterwegs gewesen sei. Dazu war er begeistert, dass sein Chef Fachzeitschriften wie »Die Grüne«, »Landfreund« und »Top Agrar« abonniert hatte, die er in jeder freien Minute verschlang.

Mit achtzehn arbeitete er während zweier Jahre jeweils im Winter bei Bauern im nahen Bürglen. Sein Arbeitspensum war happig und der Lohn bescheiden: Für 65 Franken pro Woche plus Kost und Logis musste er sechseinhalb Tage seinen Mann stehen. Morgens um fünf ging es im Stall mit der Arbeit los, dann folgte ein harter Tag im Wald. Alois klagte aber nicht. Im Gegenteil. Er war fasziniert von seinem Meister, einem begnadeten Viehzüchter, der ihm Wissen vermittelte, von dem er sein Leben lang profitierte. Dazu ging er der Bäuerin im Haus zur Hand. Sie war dermaßen froh, dass sich der junge Mann so gut in ihre Familie einfügte, dass sie ihn ihre Kleinsten mit dem

Fläschchen füttern ließ. Der Kontakt ist nie ganz abgebrochen; noch heute besucht Alois die Familie hin und wieder, um sich auszutauschen.

Er lacht. »Das waren verrückte Zeiten.« Nachdenklich fährt er sich mit der Hand über seinen dunkelbraunen Schnauz. Er habe sich »an vorderster Front gefühlt«, sei begierig auf Neues gewesen und hoch motiviert. »Mich hat es ständig gejuckt, ich wollte immer mit anpacken«, sagt er, und fügt nach einer kurzen Pause hinzu, er sei in den harten Lehrjahren zu einem »dominanten Kerli« geworden, der Mutter und Vater schon mit sechzehn erklärt, um nicht zu sagen befohlen habe, wie es auf dem Bielenhof weitergehe.

Ein Beispiel: Eines Morgens sei er mit seinem Vater zu einem nahen Stall unterwegs gewesen, um die Kühe zu melken. Da begegneten sie einem siebzigjährigen Nachbarn und kamen mit ihm ins Gespräch. Der Nachbar erzählte, er wolle eine Weide ganz in der Nähe des Bielenhofs verpachten; der Doktor habe ihm geraten, weniger zu arbeiten. Ohne zu zögern, sagte der Sechzehnjährige: »Der Vater kommt grad nach dem Melken vorbei und unterzeichnet den Vertrag.« Auf dem Weg zum Stall machte er seinem Vater klar, dass sie ihren Betrieb vergrößern mussten, sonst werde der Hof mittelfristig nicht genügend Ertrag abwerfen, und er müsste auf den Bau gehen, um zusätzliches Geld zu verdienen. Der Vater ließ sich überzeugen, ging hin und unterschrieb.

Der junge Alois führte ein rastloses Leben. Im Sommer chrampfte er auf dem Bielenhof, im Winter sprang er als »wilder Betriebshelfer« auf zahllosen Höfen für drei Tage, zehn Tage oder auch einmal für drei Wochen ein, wenn der Meister krank war, ins Militär musste oder nach einem Unfall zur Kur. Einen Teil seines Verdienstes gab er zu Hause ab. Er wurde immer selbständiger und lernte, die Verantwortung für einen ganzen Betrieb zu übernehmen und die Arbeit zu koordinieren. Daneben ließ er sich stunden- oder auch tageweise von der Landi anheuern. Kräftig, wie er war, half er dort, die schweren Heusäcke auszuladen, die mit der Bahn kamen. Als in Erstfeld ein neues Kraftwerk gebaut wurde, packte auch Alois mit einem seiner Brüder für einen Stundenlohn von 1 Franken 60 an.

Er habe nicht gezählt, erinnert er sich, aber sechzehn Stunden habe er pro Tag sicherlich gearbeitet. Streng sei es ihm trotzdem nie vorgekommen, im Gegenteil, es habe ihn ständig gekribbelt, schneller, besser und effizienter zu werden. »Ich hatte seit Bubentagen den Traum, ein Vollblutbauer zu werden, von dem man Notiz nimmt. Und der so erfolgreich wirtschaftet, dass er von der Landwirtschaft leben kann.«

Bei seinem Vater hatte er mitansehen müssen, wie er die Familie beinahe in den finanziellen Ruin führte: acht Kinder, eine Frau, die wegen ihrer Herzprobleme nebst dem Garten keine zusätzlichen Arbeiten auf dem Hof verrichten konnte, nur geringe Nebeneinkünfte, dafür aber beinahe täglich Sitzungen und politisches Engagement, das meiste ehrenamtlich – dazu der Alkohol.

Einmal durfte er nicht mit auf die Schulreise, weil er die vier Franken nicht hatte, die jedes Kind der Lehrerin abliefern musste. An seiner ersten Kommunion trug er einen Kittel und eine halblange Hose, die ihm die Mutter aus einem alten Männermantel geschneidert hatte.

Kurz vor Weihnachten 1964 brach sich Alois beim Skifahren ein Bein. Sein Vater reagierte genervt: »Muss das jetzt auch noch sein?« Solange er den Gips hatte, legte er die siebzig Meter zwischen Haus und Stall hüpfend zurück.

Kurz bevor er in die Rekrutenschule einrückte, bekam er scheußliche Zahnschmerzen und musste sich fünf faule Stockzähne ziehen lassen. Er befand sich in einem desolaten körperlichen Zustand: Sein Mund war vereitert, sein Fuß schmerzte stark, seitdem der Gips entfernt worden war, und vor lauter Stress erbrach er sich tagelang bei jedem Essen.

Doch Alois riss sich zusammen und dachte nicht im Traum daran, die RS zu verschieben. Seine Ärztin hatte ihm ein Zeugnis geschrieben, das einer Marschdispens gleichkam. Das musste reichen, er wollte die siebzehn Wochen so schnell wie möglich hinter sich bringen, denn seine Arbeitskraft fehlte zu Hause an allen Ecken und Enden. Immerhin wurde er zu den Kanonieren eingeteilt und an verschiedenen Geschützen und Waffen ausgebildet, unter anderem auch am Maschinengewehr. Technisch interessiert, wie er war, ließ er sich begeistern und überstand den Militärdienst besser als erwartet.

Als er Mitte zwanzig war, verbrachte er zwei Sommer auf einer Alp im Bündnerland, um weitere Erfahrungen zu sammeln. Auf sich allein gestellt, beaufsichtigte er eine Herde mit hundert Tieren und einigen jungen Zuchtstieren. Er musste melken, Gebäude reparieren, eine Wasserversorgung installieren, Wiesen von Unrat und Holz befreien und Zäune flicken. Alle zehn Tage kam sein Arbeitgeber und versorgte ihn mit Lebensmitteln. Alois genoss diese Freiheit, in der er sich voll entfalten konnte. Sein Lohn betrug insgesamt 5000 Franken.

Schließlich stieg er voll in den elterlichen Betrieb ein. Zusammen mit seinem Vater gelang es ihm innert kurzer Zeit, in der nahen Umgebung zehn zusätzliche Parzellen zu pachten und eine weitere zu kaufen, sodass sich die Fläche des Bielenhofs auf mehr als siebzehn Hektaren vervierfachte. Um die wachsende Viehherde zu ernähren, bewirtschafteten sie zusätzliches Land in Amsteg, Silenen und sogar im 25 Kilometer entfernten Urserental.

1973 zeichnete sich ab, dass Alois den Betrieb übernehmen würde. Seine sieben Geschwister zeigten kein Interesse oder waren noch zu jung. Er selber hatte inzwischen einiges in seine Weiterbildung investiert. Im Entlebuch besuchte er während zweier Winterblöcke die Landwirtschaftliche Unternehmerschule. Erst sein persönliches Erscheinen hatte den Rektor bewogen, eine Ausnahme zu machen und diesen ungelernten, aber eigenwilligen, strebsamen und wissbegierigen jungen Landwirt zum Unterricht zuzulassen.

Dazu hatte er verschiedene Kurse für junge Bauern an der Heimatwerkschule in Richterswil absolviert und sich mit den Grundkenntnissen des Schreiner- und Maurerhandwerks vertraut gemacht. Außerdem durchlief er einen sechswöchigen Lehrgang des Traktorenverbands, der ihn befähigte, Maschinen zu reparieren und Schweiß- und Elektroarbeiten selber auszuführen. Das neu erworbene Know-how kam ihm erstmals richtig zugute, als er Anfang 1974 das 150-jährige Haus der Familie mit bescheidenen Mitteln, aber handwerklich versiert umbaute.

Er tat es aus guten Gründen: An der Heimatwerkschule hatte er die neunzehnjährige Bauerntochter Silvia Jud aus dem St. Galler Weiler Rufi bei Schänis kennen gelernt. Sie arbeitete dort als Aushilfe. Am Abschlussfest von Alois' Lehrgang kam es zu einer ersten scheuen Annäherung: Silvia befestigte zum Spaß eine Wäscheklammer an seinem mächtigen Schnauz. Ein halbes Jahr später trafen sie sich zufällig an einem Landjugendtag, wo Alois »das hübsche blonde Fräulein« ein ums andere Mal zum Tanz aufforderte, was sich dieses gern gefallen ließ. Sie fand ihn attraktiv, und tanzen konnte er auch. Trotzdem durfte er sie an diesem

Abend nicht nach Hause begleiten, denn sie war mit ihrer Schwester ans Fest gekommen.

Nun gab Alois aber keine Ruhe mehr. Er wusste zwar nur ihren Vornamen, aber dank geschicktem Nachfragen kam er schnell zu ihrer Telefonnummer. Fünf Tage später rief er sie an, tags darauf besuchte er sie in ihrer 200-Seelen-Siedlung. Nun wurde auch sie schwach und verliebte sich in den Erstfelder Jungbauern. Wenn es nach ihm gegangen wäre, hätten sie auf der Stelle geheiratet. Er hatte die Frau seines Lebens gefunden: eine hübsche, sanfte und fleißige Bauerntochter, die noch dazu die Bäuerinnenschule absolviert hatte und bestens in seine Welt passte.

Aber Silvia, die zwar immer schon einen Bauern zum Mann gewollt hatte, brauchte noch ein wenig Zeit, um ihren Freund besser kennen zu lernen. Das war nicht ganz einfach, weil sie neunzig Kilometer auseinander wohnten und Alois beruflich stark eingespannt war. So sahen sie sich manchmal zwei Monate lang nicht. Dafür hätten sie sich schachtelweise Briefe geschrieben, erinnert sich Silvia. Im Mai 1974 war es dann so weit: Sie heirateten, und Silvia, knapp 23, zog aus dem sonnenbeschienenen Linthgebiet ins schattige Eisenbahnerdorf an der Reuß. Sie zuckt die Achseln. »Ich bin dahin gezogen, wo die Liebe war.«

Im frisch renovierten Haus gab es nun eine separate Wohnung für das junge Paar und eine zweite für die Eltern. Der Vater überschrieb Alois den Hof, der damals bis an die Schmerzgrenze verschuldet war. Gleichwohl verpflichtete sich der Sohn, dass er für seine Eltern einstehen werde – »in gesunden wie in kranken Tagen«. Das war angesichts der prekären wirtschaftlichen Lage ein großes Versprechen, aber Alois hatte keine Wahl. Sein Vater war damals erst 62 Jahre alt und bezog noch nicht einmal die AHV. Umso wichtiger war es, dass er mit seiner Frau auf dem Bielenhof bleiben konnte. Dem Sohn half er, solange es ging, für monatlich 400 Franken bei der täglichen Arbeit. Alois stellte auch seinen Bruder Hans für einen Monatslohn von 1400 Franken ein und ließ ihn mit seiner Familie in einem Häuschen wohnen, das noch dem Vater gehörte.

Nach dem Tagwerk saß das junge Paar oft zusammen am Wohnzimmertisch. Silvia besorgte die Schreibarbeiten und war deshalb vertraut mit der schwierigen finanziellen Situation. Gemeinsam überlegten sie, wann sie welche Rechnung bezahlen konnten. Die Geldprobleme hätten sie manchmal stark belastet, erzählt sie, aber Alois habe stets beteuert, es finde sich eine Lösung, und sie habe ihm geglaubt. Ein Jahr nach der Hochzeit kam Silvia zur Welt – nun lebte die fünfte Generation der Zgraggens auf dem Bielenhof.

Alois baut den Hof auf

Alois war überzeugt, dass er mit seinem Betrieb weiter expandieren musste, wenn er als Landwirt längerfristig Erfolg haben wollte. Das Meliorationsamt, zuständig für die Verbesserung der Infrastruktur in der Landwirtschaft, war schon vor Jahren zum Schluss gekommen, der Hof müsse dringend saniert werden. Ein Architekt hatte die Kosten auf deutlich mehr als eine halbe Million Franken veranschlagt. Wegen der hohen Verschuldung des Bielenhofs waren die Zgraggens aber schlicht nicht kreditwürdig. Das Amt sprach sich gegen die Sanierung aus: »Zu groß, zu teuer, Projekt abgelehnt.«

Andere Bauern hätten in dieser verzweifelten Situation aufgegeben, nicht aber Alois. Nachdem er das Wohnhaus mit bescheidenen Mitteln renoviert hatte, stellte er beim Amt einen Wiedererwägungsantrag. Beeindruckt vom Willen und von der Tatkraft des jungen Bauern bewilligten die Beamten den Bau eines neuen Stalls. Alois hätte fürs Leben gern einen modernen Laufstall gehabt, wie er ihn von Besuchen auf anderen Höfen kannte, musste sich aber mit einem konventionellen Anbindestall zufriedengeben, der 420 000 Franken kosten sollte. Doch nun legte der Bund sein Veto ein: »Zu teuer! Kostenreduktion um fünfzehn Prozent!«

Alois war es leid, dermaßen von Geldgebern abhängig zu sein. Er handelte mit dem Meliorationsamt einen Pauschalkredit von 168 000 Franken aus, ließ sich vom Zwang einer detaillierten Abrechnung befreien, übernahm die Bauleitung selber, stellte einen Maurer im Stundenlohn an, dazu einen Zimmermann und konnte überdies auf Kollegen und Bekannte zählen, die ihm mit Werkzeug, Maschinen, Rat und Tat zur Seite standen. Der neue Stall samt Betonsilo und Wirtschaftsgebäude – der größte, den Erstfeld je gesehen hatte – entstand 1977, als Silvia hochschwanger mit Wisi war. Trotzdem servierte sie den Arbeitern jeden Morgen einen großen Znüni und stellte ihnen am Mittag ein nahrhaftes Essen mit Fleisch, Beilagen, Käse und Kaffee auf den Tisch. Als ein Föhnsturm das halbfertige Gebäude zu beschädigen drohte, sprangen die jungen Eheleute mitten in der Nacht aus dem Bett, um das Dach zu sichern.

Silvia sei »eine ganz verrückte Frau« gewesen, »die alles mitgemacht« habe, sagt Alois mit glänzenden Augen. Als sie im dritten Monat schwanger war, fuhrwerkte sie auf dem Feld so heftig mit der Mähmaschine herum, dass sie Blutungen bekam. Die Ärzte erwogen eine Auskratzung, doch sie wollte das vierte Kind um jeden Preis und lag wochenlang im Spital in Altdorf. Monika kam mit fünf Monaten und drei Wochen dennoch viel zu früh auf die Welt. Silvia hatte sich im Fernsehen die Hochzeit von Charles und Diana angeschaut, was sie wohl dermaßen aufwühlte, dass die Fruchtblase platzte. Gut, war sie schon im Krankenhaus. Monika wog nur 1020 Gramm und musste ins Luzerner Kantonsspital gebracht werden, wo sie in den Brutkasten kam. In Erstfeld pumpte Silvia jeden Morgen Milch ab. Auf dem Weg zur Sammelstelle, wo er die Kuhmilch ablieferte, brachte Alois das Fläschchen zur Post.

Auf dem Bielenhof hatte es bald Platz für sechzig Kühe und Rinder. Jahr für Jahr steigerte Alois die Menge an verkaufter Milch. Mehr Tiere bedeuteten aber auch mehr Futter- und damit größeren Landbedarf. Bei einem ausgedehnten Spaziergang über die Wiesen erzählt er, mit welchen Strategien er die Hoffläche erweiterte: »Beziehungen pflegen, Augen offen halten, schneller sein als die anderen und ein Angebot machen, das zu einer Win-win-Situation führt.« Um günstige Gelegenheiten nicht zu verpassen, habe er die Eigentümer und Pächter in Erstfeld unablässig im Auge behalten, er sei mit ihnen im Gespräch geblieben und habe bei jeder Gelegenheit sein Interesse signalisiert. Besondere Aufmerksamkeit war geboten, wenn Bauernsöhne wenig motiviert schienen, den heimischen Betrieb zu übernehmen. Dann habe er sich bei den Eltern erkundigt, wie es denn weitergehen solle. Oft habe er beim Abschluss eines Pachtvertrags gehört, er habe den Zuschlag bekommen, weil er der Erste gewesen sei, der sich gemeldet habe.

Bei der Jagd auf zusätzliches Weideland war die Eidgenossenschaft ein mächtiger Konkurrent: Auf der einen Seite der Reuß kaufte der Bund Grundstücke für die geplante neue Gotthardlinie der SBB, die Neat, auf der anderen Seite Parzellen für den Bau der Autobahn N2. Auch die Zgraggens mussten ein Stück gutes, flaches Ackerland für die neue Straße hergeben, die unmittelbar am Bielenhof vorbeiführt. »Das hat mir wehgetan«, sagt Alois, »auch wenn wir rund 35000 Franken Entschädigung bekommen haben.« Widerstand war zwecklos, denn wer sich weigerte, wurde kurzerhand enteignet.

Er erinnert sich noch gut an das damalige Prozedere: Regierungsräte und Mitglieder der Autobahnbau-Kommission seien nach Erstfeld gekommen, um die Bevölkerung vor vollendete

Tatsachen zu stellen. Der Kanton Uri wollte die Straße unbedingt, um die Dörfer vom Durchgangsverkehr zu entlasten. Alois verlangte, dass wenigstens der wertvolle Humus abgegraben und auf Waldweiden verteilt werde. »Das war aber kein Thema für die Herren, offenbar war es ihnen zu teuer.«

Mit einem Teil der Entschädigung kauften Zgraggens ein Mehrzweckfahrzeug, mit dem sie Heu aufladen, Mist verteilen und Transporte machen konnten. Das war der Startschuss zur Mechanisierung des Betriebs. Alois nutzte das Gefährt überdies, um anderen Bauern gegen Entgelt zu helfen. Dieser Zustupf war dringend nötig, weil er mit dem Erlös aus dem Verkauf der Milch und einzelner Tiere nur knapp über die Runden kam.

Die Pacht zusätzlicher Parzellen war das eine, die Optimierung des bereits vorhandenen Bodens das andere. Dieser war oftmals sehr uneben und deshalb mit Maschinen nur schwer zu bewirtschaften. Außerdem störte ein acht Meter hoher Erdhügel unmittelbar neben dem neuen Stall. Gut, dass Alois den Occasionsbulldozer noch hatte, mit dem er im Vorjahr nach einem schlimmen Lawinenniedergang die Wiesen von Geröll, Schlamm und Holztrümmern befreit und im selben Arbeitsgang eingeebnet hatte. »Ich dachte, diesen Hügel bringe ich jetzt so schnell zum Verschwinden, dass es kein Zurück mehr gibt.« Alles musste wie der Blitz geschehen, aber natürlich fiel die emsige, amtlich nicht bewilligte Tätigkeit mit dem knallgelben, lärmigen Raupengefährt weiterhin auf. Der Chef des Urner Heimatschutzes kam zu einer Aussprache auf den Hof. Sie verlief ziemlich emotional. Alois argumentierte, er betreibe »aktiven Heimatschutz«; er wolle sein Land so herrichten, dass er als Bauer überleben und zum Gedeihen der Urner Volkswirtschaft beitragen könne. Der Heimatschützer bemühte allerlei Paragrafen, »bekam es aber bald mit der Angst zu tun, weil ich laut wurde und mich immer mehr aufregte«, wie Alois schmunzelnd zugibt. Schließlich zog der arme Mann unverrichteter Dinge ab und ließ sich nie mehr blicken. Anstelle des Hügels erstreckt sich seither rechts des Bielenhofs eine schöne, flache Weide.

Im Jahr darauf stieg er schon wieder auf seinen Trax, um eine weitere Hektare einzuebnen. Diesmal kam anstelle des Heimatschützers ein Brief des Erstfelder Einwohnerrats. Man habe beobachtet, dass er nun schon an der vierten Bauetappe sei, ohne bei den zuständigen Behörden jemals ein Gesuch eingereicht zu haben. Das gehe entschieden zu weit, der Rat erwarte eine schriftliche Stellungnahme. Alois setzte sich wie befohlen hin und schrieb fein säuberlich auf, was in der unmittelbaren Nachbarschaft alles so laufe, begonnen beim Bau der N2, die allerhand Land wegfresse und das Tal nicht gerade verschöne, während er seine Parzellen veredle, was die Gemeinde keinen Rappen koste. Wenn ihm der Einwohnerrat verbieten wolle, sein Land zwecks rationeller Bewirtschaftung zu optimieren, werde er ihn wegen Behinderung der Betriebsentwicklung auf Schadenersatz verklagen. »Auch diesmal meldete sich niemand«, schmunzelt Alois, »also habe ich weitergemacht.«

Ein großes Problem war noch ungelöst: Im Rücken hatten Zgraggens den steilen Berg, von dem eine latente Lawinengefahr ausging, dazu den Riedbach, der nach Gewittern zu einem reißenden Fluss anschwoll. Als Alois sah, dass die Erbauer der N2 vom weit entfernten Urnersee Aushubmaterial herankarrten, um die vierspurige Straße höher zu legen und so gegen Überschwemmungen zu schützen, lud er einen Regierungsrat sowie den kantonalen Forstmeister ein und schlug ihnen vor, oberhalb des Bielenhofs einige tausend Tonnen Material aus dem Bachbett zu graben, um ein großes Auffangbecken zu schaffen, das den Hof vor Lawinen und Geröll schützen würde. Das komme viel billiger zu stehen als die kilometerweiten Transporte. Es wurden schließlich 80 000 Kubikmeter, doch weil die Herren nicht ganz so tief graben ließen, wie Alois es sich gewünscht hatte, verwüstete der Bach kurze Zeit später erneut eine Hektare Land. Also griff er mit seinem Trax noch einmal korrigierend ein. Danach war, wen wunderts, das Auffangbecken genügend tief – und erneut ein beachtliches Stück Wiese flacher als zuvor.

Als der Bund in den Siebzigerjahren Ausgleichszahlungen einführte, wurde es für manche Eigentümer lukrativer, ihr Land selber zu bewirtschaften, statt es zu verpachten. Alois verlor die Weiden im Urserental und musste sich nach Ersatz umsehen. Fündig wurde er – im Tessin. An den steilen Hängen zu heuen, war eine anstrengende, nicht ungefährliche Arbeit, an der sich die ganze Familie beteiligte. Auf anderen Flächen ließ er kleine, leichte Tiere weiden, die er mit dem Anhänger über den Gotthardpass bugsierte, ab Eröffnung des Straßentunnels im Jahr 1980 dann durch die Röhre. Um unabhängig zu sein, organisierten die Zgraggens zwei Wohnwagen; im einen kochten, im anderen schliefen sie. 38 Jahre lang, von 1977 bis 2014, halfen die Tessiner Wiesen, ihre Tiere zu ernähren.

In Erstfeld verfolgte Alois nach wie vor die Strategie, weitere Flächen in der Nähe des Hofes zu ergattern und die Lücken im Flickenteppich seiner Parzellen zu schließen, um möglichst große Landstücke maschinell bearbeiten zu können. »Fürs Überleben eines Hofes ist es unabdingbar, dass man die Rationalisierung konsequent vorantreibt«, ist er seit vielen Jahren überzeugt, »kommende Bauerngenerationen werden überhaupt keine Handarbeit mehr machen, das lohnt sich nicht.«

Zu den enttäuschenden Erlebnissen, die es auch gab, gehörte jenes, als ein Nachbar seine an den Bielenhof grenzende große Wiese ohne Angabe von Gründen einem Dritten verpachtete. »Dieses Stück Land hätte wunderbar zu uns gepasst, wir hätten alles arrondieren können, der Betrieb wäre weiterum geschlossen gewesen, das Beste, was uns hätte passieren können«, beklagt Alois die verpasste Gelegenheit. Über die Gründe könne man nur spekulieren, es sei wahrscheinlich etwas Persönliches gewesen. Jedenfalls bekam ein sechzigjähriger Bauer den Zuschlag, der zehn Kilometer weit weg in Attinghausen wirtschaftet und auf dem Land nur ab und zu einige Schafe weiden lässt.

Solche Rückschläge mögen auch mit dem Charakter von Alois zu tun haben. Ähnlich wie sein Vater, trat er zahlreichen landwirtschaftlichen Gremien bei, war sechzehn Jahre lang Präsident der örtlichen Viehzucht-Genossenschaft, leitete vier Jahre die Landi Erstfeld und stand dem Braunviehzuchtverband Uri vor. Seinem Temperament entsprechend, krempelte er die Organisationen von Grund auf um und machte sich dabei nicht nur Freunde. »Manchmal war ich vielleicht zu dominant und eigenmächtig«, räumt er ein, um nach einer kleinen Pause zu ergänzen: »Aber auch zu erfolgreich, was einen gewissen Neid hervorgerufen hat.«

Tatsächlich stand der Erfolg für ihn immer an erster Stelle: Er stand frühmorgens im Stall und musste sich abends regelrecht zwingen, ins Bett zu gehen, sein Motor kam einfach nicht zur Ruhe. Dank autogenem Training gelang es ihm immerhin, sich tagsüber hin und wieder eine Viertelstunde zu entspannen, um Kräfte zu sammeln.

Es gab aber auch Momente, in denen er an seine Grenzen stieß. Erschöpft, wie er war, wurde ihm schwarz vor Augen, und er musste sich hinsetzen. Dazu kam der psychische Stress. »Ich stand jahrelang unter einem unbeschreiblichen Druck und litt unter gewaltigen Existenzängsten, von denen niemand etwas ahnte.« Regelmäßig habe er in den Zeitungen Inserate angeschaut, in denen Betriebe im Ausland – mal im Elsass, mal in den USA oder in Kanada – zum Verkauf angeboten wurden. Er habe lange mit der Idee geliebäugelt, auszuwandern. Erst als alle vier Kinder eingeschult waren, habe er diesen Gedanken endgültig verworfen. Allen Belastungen zum Trotz sei er nie krank gewesen. »Keinen einzigen Tag.« Der Erfolg habe ihn motiviert und ihm wieder auf die Beine geholfen, wenn ihn ein Zwischentief zu überwältigen drohte.

Als Viehzüchter wurde er immer besser, was sich herumsprach und ihm zusehends mehr Käufer eintrug. Einmal bedrängte ihn der Geschäftsführer der Viehvermarktungs-Organisation Vianco, er brauche für eine Versteigerung dringend vier Rinder. Alois brachte ihm vier Tiere, die dieser unbesehen nahm. Jedes ging für 5000 Franken weg. »Ein Superpreis«, freut sich Alois noch heute. Er fühlte sich bestätigt und merkte, dass sich seine jahrelange Arbeit allmählich auszahlte.

Um seinen Bekanntheitsgrad zu steigern, nahm er mit seinen Tieren an Viehausstellungen teil, wo er immer wieder Spitzenplätze belegte und oft den Champion stellte. Der Bielenhof wurde zur angesagten Adresse für Züchter und Landwirte. Bei den zahlreichen Betriebsbesichtigungen ergossen sich oft ganze Busladungen mit dreißig bis vierzig Personen über den Hof. Alois hatte Lampenfieber und schlotternde Knie, wenn er vor die Besucher stehen und reden musste – und fragte sich, was er dagegen tun könnte.

Im Urner Amtsblatt entdeckte er ein Inserat, in dem ein Seminar nach Dale Carnegie angepriesen wurde. Sein Interesse war geweckt, denn es ging ums öffentliche Auftreten. Der Preis für den zehnteiligen Abendkurs war allerdings beträchtlich. Also griff er zum Telefon und fragte, ob es denn möglich wäre, dass er auch noch seine Frau und eine Tochter mitbringe und dafür einen Mengenrabatt bekäme. Der Kursleiter stutzte, er kenne ihn und seine Bedürfnisse ja gar nicht. Alois lud ihn kurzerhand auf den Hof ein, wo sie bald einig wurden. Nebst Alois schrieben sich auch die beiden Silvias für den Rhetorikkurs in Luzern ein.

Kurz bevor es losging, rief der Kantonstierarzt an, der ebenfalls in Erstfeld wohnte: Er habe gehört, Alois besuche den Dale-Carnegie-Kurs. Ob sie nicht gemeinsam hinfahren könnten, er habe sich auch angemeldet. Natürlich willigte Alois sofort ein, gleichzeitig aber schluckte er leer: »Hundskommune Leute wie wir und der Herr Tierarzt im selben Kurs! Das kam mir verrückt vor.« Doch die Zgraggens schlugen sich gut unter den vierzig Teilnehmenden, die sich jeweils am Montagabend im vornehmen Hotel National am Vierwaldstättersee einfanden. Ob zweiminütige Reden aus dem Stegreif oder vorbereitete Vorträge über zehn Minuten: Sie bekamen gute Feedbacks und mussten sich nicht verstecken, im Gegenteil.

Die Betriebsbesichtigungen liefen weiterhin gut, warfen außer dem Imagegewinn aber keine Erträge ab. Der Aufwand war groß: Ein Tag wurde geputzt, ein Tag ging für den eigentlichen Anlass drauf. Mutter Silvia offerierte den Gästen Kaffee und Kuchen, manchmal auch ein Käseplättchen und ein Glas Wein. Erst 2003 zapften Zgraggens diese Einnahmequelle an und verbanden die Betriebsbesichtigungen mit einem kostenpflichtigen Essen. Nach und nach erweiterten sie ihr Angebot und richteten auch Familienfeiern wie Hochzeiten und Geburtstage, Jubiläumsfeiern und

Weihnachtsessen aus. Seither läuft der Gastrobetrieb wie geschmiert. Jahr für Jahr bewirten sie bis zu fünfzig Gesellschaften mit Fleisch, Gemüse und Salat vom Hof. Das neu erwachte Interesse breiter Bevölkerungskreise am Bauern und dem rustikalen Leben spielte ihnen in die Hände.

Alois erkannte schon früh, wie wichtig es war, zu diversifizieren. 1993 beschlossen er und seine Frau, am Wochenmarkt in Altdorf hofeigene Produkte wie Trockenfleisch, Würste, Konfitüre und Sirup anzubieten. Dazu Schnittblumen aus dem eigenen Garten, Gestecke und die damals beliebten Trockensträuße, welche die älteste Tochter Silvia zusammenstellte, die gerade ihre Lehre als Floristin abgeschlossen hatte und ihren Eltern 21 Jahre lang zur Hand ging. In ihrem Hofladen boten die Zgraggens ein umfangreiches Sortiment an, darunter der reichhaltige Hofkorb, der in der Vorweihnachtszeit als Geschenk nach wie vor reißenden Absatz findet.

In ebendieser Zeit begann die Familie auch mit Herbst- und Weihnachtsausstellungen im Stall und in den daran angrenzenden Wirtschaftsräumen. Im Herbst dominierten Kürbisprodukte, in der Weihnachtszeit Adventskränze, Kerzengestecke, Tannenbäume, Gebäck und Fleischwaren vom Hof. Sie waren einer der ersten Betriebe mit diesem Angebot, das auf große Resonanz stieß.

Mutter Silvia staunt allerdings noch heute, wenn sie an den Aufwand denkt, der damit verbunden war. Dreizehn Jahre lang hielten sie durch. Als Kürbisse, Kürbiswürfel, Kürbissuppen und Kürbiskuchen in der Migros und im Coop auftauchten, wusste Alois, dass der Reiz des Unbekannten erloschen war und Neues ausgeheckt werden musste. Acht Jahre lang richteten sie einen 1.-August-Brunch aus, zu dem sich jeweils gegen 400 Leute anmeldeten. Die Wiesen rund um den Bielenhof waren überstellt mit den Autos der Besucher. Silvia musste jeweils die gesamte Verwandtschaft zusammentrommeln, um den Ansturm zu bewältigen.

All das erzählt Alois mit Stolz und Freude. Er betont, dass Wisi über ein ebenso großes Talent als Netzwerker verfüge wie er selber. Mit seiner Hilfsbereitschaft, Tatkraft und freundlichen Art komme er bei den Bauern in der Talschaft gut an. Er spitze die Ohren, lese die Gedanken der anderen und pflege vielfältige Kontakte.

Ein Meisterstück lieferte Wisi ab, als es um das Landstück mit dem Haus ging, in dem heute seine Schwester Silvia wohnt. Die Eigentümerfamilie war sich uneins, wem sie den »Blätz« verkaufen wollte. Wisi bekam lediglich eine unverbindliche, mündliche Zusage. Wie früher sein Vater, handelte er sofort: Er machte mit den Verkäufern einen Termin für den nächsten Tag aus, beschaffte über Nacht die nötigen Dokumente inklusive Zahlungsversprechen der Bank und hob von seinem Konto einen größeren Betrag ab, um den vereinbarten Kaufpreis notfalls in letzter Minute aufrunden zu können, was dann aber nicht nötig war. Nach der öffentlichen Bekanntmachung des Besitzerwechsels begann die dreißigtägige Einsprachefrist. »Bis sie abgelaufen war und uns das Land definitiv gehörte, habe ich kaum ein Auge zugetan.«

Ein Blick auf die Grafik zur Entwicklung des Bielenhofs im Bildteil dieses Buches zeigt, dass die Parzellen noch immer ziemlich verzettelt sind. Es gilt deshalb, den Bodenmarkt weiterhin zu beobachten, denn alles geht unter der Hand weg, ausschlaggebend sind die persönlichen Beziehungen.

Ennet der Reuß, auf dem Boden der Gemeinde Silenen, hatten die Zgraggens eine von einem halben Dutzend Parzellen gepachtet, die den SBB gehörten. Gemäß Vertrag sollten sie die Wiese so lange nutzen dürfen, bis die Bahn das Land für die Neat benötigte. Als sich abzeichnete, dass dies wegen der Verlegung des Tunnelportals talabwärts nicht der Fall sein würde, erkundigte sich Alois, ob ein Verkauf geplant sei. Gut möglich, erfuhr er, aber nicht vor 2010. Da lud er die Verantwortlichen der SBB auf den Bielenhof ein, um ihnen darzulegen, warum die Parzellen ideal zu Zgraggens passten: Sie kämen dem Junior mit seinem Handicap entgegen und auch zum richtigen Zeitpunkt, weil man die steilen Wiesen im Tessin wegen des großen zeitlichen Aufwands aufgeben möchte.

Tatsächlich überschrieben die SBB Alois und Wisi fünf Parzellen. Als dies im Tal bekannt wurde, gab es einen kleinen Aufstand. »Schon wieder die!«, brummten manche Bauern und machten die Faust im Sack. Es gab sogar solche, die den Drang zur Expansion als Größenwahn bezeichneten. Mit einem wollte Alois die Sache noch ausdiskutieren, doch verweigerte dieser das Gespräch.

Von solchen Dingen haben sich die Zgraggens nie beirren lassen. Diesen Frühling ist es Wisi gelungen, flussabwärts für vorerst sechs Jahre zusätzliche sieben Hektaren gutes Land zu pachten und die bewirtschaftete Fläche auf einen Schlag um 25 Prozent zu vergrößern. Wenn sich Vater und Sohn die Entwicklung des Bielenhofs seit 1871 auf der Karte anschauen, ist ihnen der Stolz gut anzusehen.

Erstfeld, das Eisenbahnerdorf

Seit 1871 werden auf dem Bielenhof fünf Generationen der Zgraggens Augenzeugen epochaler Veränderungen. Zunächst erleben sie die letzten Jahre des goldenen Postkutschen-Zeitalters. Dann kommen Arbeiter ins Tal und legen Schienen, die Erstfeld in ein Eisenbahnerdorf verwandeln. Um die Jahrhundertwende tritt das Automobil seinen Siegeszug an und verstopft allmählich die Straßen. Als die Urner Dörfer in der Blechlawine zu ersticken drohen, wird der Familie die vierspurige Entlastungsautobahn N2 direkt vor den Hof gebaut. Schließlich verschlingt die Anfahrtsstrecke zum neuen Gotthard-Basistunnel (Neat) am nördlichen Dorfrand erneut wertvolles Kulturland. Unter dem Druck des Strukturwandels in der Landwirtschaft gibt die Mehrzahl der Erstfelder Bauern auf. Von ursprünglich 130 Viehbesitzern werden voraussichtlich nur ein Dutzend auch in Zukunft von den Erträgen ihrer Höfe leben können. Doch der Reihe nach.

Im Zeitalter der Postkutschen und Fuhrwerke sind in den Dörfern entlang der Gotthardstraße viele Herbergen, Gaststätten, Werkstätten und Stallungen entstanden. Dank dem regen Transitverkehr floriert die Wirtschaft, es gibt genügend Arbeit für alle. Auch die Bauern profitieren: Sie können ihr Vieh gegen Korn, Reis, Wein und Tuch aus dem Süden eintauschen oder für gutes

Geld verkaufen. Doch im selben Jahr, in dem die Zgraggens den Bielenhof übernehmen, kündigt sich eine neue Epoche an: Am 6. Dezember 1871 wird die Gotthardbahn-Gesellschaft mit dem Zürcher Industriellen Alfred Escher an der Spitze gegründet. Während oben in Göschenen der Ingenieur Louis Favre mit einem Heer von italienischen Gastarbeitern den Ausbruch des Tunnels in Angriff nimmt, wird unten in Erstfeld »manche schöne Matte durch die Gleisanlagen zerschnitten«, wie es in der Dorfchronik heißt. Es kommt zu Zwangsenteignungen, Gebäude werden abgerissen, eine bis zu vier Meter hohe Dammaufschüttung führt durch bestes Wiesland. Die Bahnübergänge sind für Mensch und Tier eine große Gefahr; noch hat man sich nicht an das hohe Tempo der Züge gewöhnt. Auf 33 Hektaren bestem Kulturland entsteht mitten in der Talsohle ein Rangierbahnhof mit Gleisanlagen, Lokremisen und Werkstätten. Mit den Entschädigungen, die sie für ihre Äcker erhalten, besorgen sich die Bauern Realersatz an den Hängen oder weitab vom Dorf auf dem Hochplateau Emmetten. Keiner ahnt, welch tief greifende Veränderungen die Mechanisierung der Landwirtschaft dereinst mit sich bringen wird; keiner weiß, dass dann nur noch flaches Land in Hofnähe rentabel bewirtschaftet werden kann.

Im Kanton Uri verspricht man sich von der Bahn zusätzliche Impulse. Jedenfalls frohlockt das »Urner Wochenblatt« vor der Eröffnung der Gotthardstrecke: »Der Markt wird für alle Produkte unendlich größer. (…) Je größer aber das Absatzgebiet, desto größer die Nachfrage und desto besser der Preis. (…) Diejenigen italienischen Produkte, auf die hinwiederum wir Urner angewiesen sind, wie Wein, Mais, Korn und Weizen, werden durch den Wegfall der großen Transportspesen entschieden einen großen Preisabschlag erleiden.«

Die Realität sieht freilich anders aus. Als täglich drei Dutzend voll beladene Güterzüge durch den Gotthardtunnel fahren, gibt es für die umständlichen Personen- und Warentransporte über den Urnersee und die Passstraße keine Nachfrage mehr. Schiffer, Säumer, Fuhrleute, Küfer, Hufschmiede, Schlittenmacher und Wirte geraten in Not – besonders schlimm trifft es das abgeschnittene Urserental. Der Pferdebestand geht in Uri innert weniger Jahre von 526 auf 175 Tiere zurück. Bald schon nennen die Urner die dampfenden Lokomotiven nur noch »Brotschelme«. Weil sie mit den Anforderungen und dem Tempo des neuen Zeitalters nicht zurechtkommen, für die meisten Arbeiten bei der Bahn nicht ausgebildet sind und keine Perspektiven sehen, wandern innert kurzer Zeit 825 meist jüngere Urnerinnen und Urner aus. Spezialisierte Gesellschaften inserieren im »Wochenblatt« und bieten an, die Reise und den Neubeginn in Amerika zu organisieren. Auch aus der Familie Zgraggen verabschieden sich fünf Geschwister nach Übersee.

Umgekehrt lockt die Eisenbahn Arbeitskräfte aus der ganzen Schweiz nach Erstfeld. Gegenüber dem alten Dorfkern entsteht das schmucklose »Eisenbahnerdorf«, wo Stationsbeamte, Lokführer, Zugführer, Bremser, Handwerker, Depotarbeiter, Heizer und andere Gehilfen in bescheidene Häuser und Wohnungen einziehen. Innert zwanzig Jahren verdoppelt sich die Einwohnerzahl, was bei den Einheimischen Ängste vor der Überfremdung auslöst und die Gemeinde überfordert. Weil bald schon Wohnungsnot herrscht und Wuchermieten verlangt werden, gründen die Eisenbahner am 5. September 1909 eine Genossenschaft, die in Erstfeld über die Jahre rund hundert Wohnungen baut. Die Direktion der Gotthardbahn eröffnet eine private Sekundarschule, weil es im Dorf keine gibt. Die Kinder der Bahnangestellten werden dort gratis unterrichtet, während die anderen Eltern zwanzig Franken pro Jahr und Kind bezahlen müssen.

Die rasante Entwicklung verdankt Erstfeld seiner Lage. Hinter dem Dorf beginnt die Gotthard-Bergstrecke mit bis zu 26 Promille Steigung. Damit die Züge die steile Rampe bewältigen können, muss eine zweite Lokomotive eingesetzt werden. Das Rangiermanöver wird genutzt, um das Zugpersonal auszuwechseln. Das ganze Bahnhofareal und Teile des Dorfes sind vom Qualm der mit Kohle betriebenen Dampfloks rußgeschwärzt. Die Bedeutung des Standorts wächst zusätzlich, als die Direktion der Bahn den Ausbau der Unterhalts- und Reparaturwerkstätten beschließt.

In diesen Jahren verliert das Dorf seinen bäuerlichen Charakter. Der Lärm der Eisenbahn ist auch auf dem Bielenhof Tag und Nacht zu hören. Was die Landwirtschaft angeht, erweisen sich die schweren Befürchtungen des »Urner Wochenblatts« »über die Folgen der dem Bauerntum zugemuteten Opfer durch Zerschneidung oder durch Verlust von Grund und Boden« jedoch als unbegründet. Es ergeben sich sogar »unerwartete Ausgleiche, so durch Verbesserung der Existenzverhältnisse mancher kinderreichen Familien, deren Jungmannschaft bei der Bahn ständigen Verdienst« findet. Bauernsöhne, auch solche aus entlegenen Tälern, lassen sich von der Bahn für Hilfsarbeiten einstellen, beispielsweise als Bremser. Auf der abschüssigen Fahrt von Göschenen nach Erstfeld sitzen sie bei Wind und Wetter tief vermummt auf schwer beladenen Güterwagen und drehen auf Kommando am Handrad. Manch kleiner Bauernbetrieb kann dank dem Zusatzverdienst überleben, allerdings mehr schlecht als recht.

Um ihre Erzeugnisse besser vermarkten zu können, schließen sich die Bauern 1902 zur Landwirtschaftlichen Genossenschaft

Erstfeld zusammen. Wie kämpferisch sie gestimmt sind, beschreibt das »Wochenblatt« im Bericht über die Gründungsversammlung: »(…) und sie erklären mit trutzig-ernster Miene, dass sie die Milch nicht mehr zum bisherigen Preise liefern werden. Sie wollen fürder 15 statt 14 Rp. haben. Die Sennen hingegen machen auch den Kopf und drohen sogar mit Streik. Sie entgegnen, dass ein großes Quantum der gelieferten Milch gekäst werden müsse, und dass bei diesem Preise die Käsefabrikation den Ruin der Sennereien herbeiführen würde.« In jenem Jahr verteilen sich 833 Stück Rindvieh auf 130 Besitzer.

Ungefähr zur selben Zeit fahren die ersten Automobile über den Gotthard. Schon wieder zieht ein neues Zeitalter herauf. Der deutsche Dichter Otto Julius Bierbaum benutzt für seine Italienreise einen acht PS starken roten Adler-Phaeton mit Chauffeur. Der Wagen erreicht dank seinem 865-Kubik-Einzylindermotor eine furchterregende Spitzengeschwindigkeit von vierzig Stundenkilometern. Die Urner Regierung verbietet solche Vergnügungsfahrten umgehend, die Bevölkerung sei nicht bereit, die negativen Folgen – Staub, Unfälle, Lärm – in Kauf zu nehmen. Länger als fünf Jahre ist das Verbot allerdings nicht aufrechtzuerhalten. Eine Zeit lang müssen die Lenker bei den Behörden noch eine Durchfahrtsgenehmigung einholen und dafür bezahlen, dann herrscht am Gotthard freie Fahrt.

In den folgenden Jahrzehnten erlebt der Kanton Uri – nicht zuletzt dank der Bahn und dem Auto – eine intensive Phase der Industrialisierung. Rund um den Kantonshauptort Altdorf bieten Firmen wie Landis + Gyr, Bally und Dätwyler attraktive Arbeitsplätze an. Mancher Bauernsohn geht lieber in die Fabrik, als den kleinen, wenig ertragreichen Hof der Eltern zu übernehmen. Jene Landwirte, die weitermachen wollen, packen die Chance und pachten oder kaufen Wiesen, um ihre betriebswirtschaftliche Basis zu verbreitern.

In den Sechzigerjahren ersticken die Urner Dörfer beinahe im Durchgangsverkehr. Gegen die geplante Autobahn gibt es deshalb nur bei den Bauern Opposition. Ähnlich wie beim Bau der Eisenbahnlinie, gehen dem Kanton erneut 263 Hektaren Land verloren, davon 80 Hektaren bestes Kulturland. Auch die Erstfelder müssen bluten: Die Landwirtschaftsfläche reduziert sich um zehn Prozent auf 621 Hektaren. 1980, im Jahr der Einweihung der Autobahn, gibt es im Dorf nur noch 75 Rindviehbesitzer.

Die Mechanisierung der Schweizer Landwirtschaft ist da schon in vollem Gang. Seit dem Ende des Zweiten Weltkriegs hat sich die Zahl der Arbeitspferde von knapp 120 000 auf 38 000 reduziert. Mehr als 100 000 Motormäher und 90 000 Traktoren haben sie von den Feldern verdrängt. In den Ställen sind 55 000 Melkmaschinen im Einsatz. Die Zahl der hauptberuflich tätigen Bauern ist von 329 000 auf 120 000 geschrumpft.

Alois Zgraggen erinnert sich gut an die Anfänge dieser Entwicklung: »Ich verschlang die Fachzeitschriften, in denen die modernen Traktoren und Ladewagen vorgestellt wurden. Wir wussten, was mit diesen Maschinen auf uns zukommt. Das hat uns sehr beschäftigt.« Die einen Bauern resignieren, die anderen investieren und verteilen den Mist fortan nicht mehr von Hand auf ihren Wiesen, sondern maschinell. Dank den technischen Hilfsmitteln ist es möglich, größere Flächen rationell zu bewirtschaften. »Die einen haben die Entwicklungen unterschätzt, abgelehnt oder eine Auseinandersetzung damit einfach beiseitegeschoben«, sagt Alois, «die anderen haben Unternehmerblut gespürt und gehandelt.«

Parallel zum Bau der N2 hat der Bund auf der anderen Seite

der Reuß wie gesagt für ein weiteres Verkehrsprojekt Land akquiriert: die Eisenbahntransversale Neat. Zunächst sehen die SBB vor, das Portal des neuen Basistunnels oben in Amsteg zu bauen. Die Zufahrtsstrecke soll mitten durch die Erstfelder Naturlandschaft führen. Für die Urner Regierung ist das inakzeptabel.

In der Vernehmlassung des Bundes wehrt sie sich für ihre Bauern und schreibt, die Neat dürfe »nur ein absolutes Mindestmaß an zusätzlichem Land« beanspruchen und müsse »größte Rücksicht auf Natur und Landschaft« nehmen. In einer eilends realisierten Planungsstudie schlägt der Regierungsrat 1989 vor, den eigentlichen Basistunnel in Form eines Vortunnels um acht Kilometer bis nördlich von Erstfeld zu verlängern. Die Neat-Kommission der Gemeinde hofft, dass die SBB bei dieser Lösung auch das Depot- und Gleisareal aus dem Dorfkern in einen neuen Betriebsbahnhof Erstfeld Nord verlagern: »Sollte diese Variante verwirklicht werden, würde Erstfeld 130 Jahre nach dem Bau der Gotthardbahn ein zweites Mal völlig umgestaltet.«

Dieser Traum erfüllt sich jedoch nur zum Teil. Zwar wird das Tunnelportal tatsächlich in den Norden verlegt, doch zerschlagen sich die Pläne zur Neugestaltung des Dorfkerns, weil die SBB das Areal nicht aufgeben, sondern zusätzlich ein neues »Erhaltungs- und Interventionszentrum« bauen. Von dieser Basis aus soll der 57 Kilometer lange Basistunnel instand gehalten werden; auch die Lösch- und Rettungszüge sind dort stationiert. Der Gemeinde werden zum Trost achtzig zusätzliche Arbeitsplätze versprochen.

Wie die alte Eisenbahnlinie und die Autobahn N2 frisst auch die Neat-Zufahrtsstrecke mit ihren Nebenanlagen eine Menge Kulturland. Erneut müssen Bauern wertvollen Grund und Boden hergeben. Einer zieht weg in den Aargau, ein anderer in die Ostschweiz. Zwei erhalten von den SBB kleinere Parzellen als Realersatz in Silenen. Der Konzentrationsprozess geht unvermindert weiter. 1997, beim 75-Jahr-Jubiläum der Viehzuchtgenossenschaft, gibt es in Erstfeld noch 36 Bauern, heute sind es kaum mehr als zwei Dutzend. »Es ist verrückt, wie schnell alles geht«, sagt Alois. Er glaubt, dass von der Größe her nur etwa zehn bis zwölf Erstfelder Bauern auch künftig von der Landwirtschaft werden leben können.

Angesichts des Preisdruckes fragen sich alle, mit welcher Strategie sie bestehen könnten. »Wir dürfen nicht den Fehler machen, auf möglichst billige Produkte zu setzen, denn damit haben wir längerfristig keine Chance«, ist Alois Zgraggen überzeugt, »um unsere Zukunft zu sichern, müssen wir den Konsumenten naturnahe Erzeugnisse von hoher Qualität zu Preisen anbieten, mit denen wir auch etwas verdienen.«

Angelika

Angelika ist eine direkte Person, die sagt, was sie denkt. Manchmal brüskiert sie andere Menschen mit ihrer impulsiven Art. Sie zuckt mit den Achseln. »Es tut mir einfach nicht gut, alles herunterzuschlucken.« Dafür weiß man bei ihr sehr schnell, woran man ist. Wisi liebt genau diese Eigenschaften seiner Frau. Er mag ihre Emotionalität, ihr Temperament und ihre Gradlinigkeit. »Sie ist eins zu eins«, sagt er, »und das passt mir.«

Angelika Stadler wurde am 9. Januar 1975 in Altdorf geboren. Sie stamme aus einer »Nullachtfünfzehn-Familie«, erzählt sie, die Mama Verkäuferin, der Dädi Buschauffeur und Gemeindearbeiter. Später machte er sich selbständig und kaufte seinem Vater die Luftseilbahn Chäppeliberg–Spilau ab, die er bis kurz vor seinem Tod im Jahr 2015 betrieb.

Sie ist das dritte Kind, sechs Jahre nach ihr kamen noch Zwillinge, zwei Knaben. Ihre Kindheit sei unbeschwert und glücklich gewesen, erinnert sie sich. Am liebsten war sie im Freien, sei es mit der Familie auf Ausflügen oder Wanderungen, sei es mit den Mädchen und Buben aus dem Quartier, mit denen sie von morgens bis abends herumtobte. Mit ihrer älteren Schwester habe sie zwar ständig Streit gehabt, dafür sei das Verhältnis zu ihrem großen Bruder Thomas, nach dem sie auch ihren ersten Sohn genannt hat, umso inniger gewesen. Er nahm sie zum Klettern, zum Velo- und Skifahren und sogar auf Touren mit, was das sportliche Mädchen mit seinem unstillbaren Bewegungsdrang natürlich begeisterte. Manchmal musste sie sich auch um die kleinen Zwillinge kümmern; diese Aufgabe erledigte sie klaglos.

Als sie in die Schule kam, muss sie noch ein schüchternes Persönchen gewesen sein. Sie fand nur schwer Anschluss und fühlte sich in der ungewohnten Umgebung ein bisschen einsam. Die Schule sagte ihr sowieso nicht viel. »Ich habe den Unterricht ohne große Begeisterung über mich ergehen lassen. Aber es gab ja keine Alternative.« Ähnlich klingt es, wenn sie erzählt, warum sie nach dem Sekundarschulabschluss und einem Zwischenjahr die Ausbildung zur Arztgehilfin absolvierte. Sie habe halt das Gleiche wie ihre Schwester gemacht. »Was hätte ich auch anderes tun sollen? Ich war noch so jung und unerfahren und kannte gar nichts anderes.« Sechs Jahre lang arbeitete sie bei einem viel beschäftigten Altdorfer Arzt. Abends wurde es zuweilen so spät, dass sie das Nachtessen ihrer Familie verpasste.

Eine Zeit lang wohnte sie gemeinsam mit ihrem festen Freund in Flüelen. Wisi lernte sie erst später kennen. Die erste Begegnung mit ihm ergab sich rein zufällig. Als sie ihre Eltern besuchen wollte, stellte sie zu ihrem Ärger fest, dass jemand seinen Kleinbus quer über die drei Parkplätze vor dem Haus gestellt hatte. Inzwischen schon wesentlich selbstbewusster und forscher, rannte sie hoch und rief aufgebracht, welcher Idiot denn so blödsinnig parkiert habe. Ihre Mutter sagte, auf dem Balkon säßen zwei Burschen, die sie nicht kenne. Der eine interessiere sich wohl für ihre Schwester.

Angelika stürmte hinaus und stellte die beiden, die einen Kaffee vor sich hatten, zur Rede. Wisi war auf der Stelle hingerissen von der jungen Frau mit den gletscherblauen Augen. »Dabei war sie so geladen und funkelte mich zornig an«, lacht er. Angelika hingegen fand ihn völlig uninteressant. »Er nervte mich bloß mit seinem Bus.« Immerhin fügte er sich sofort und parkierte den Wagen um.

Als Wisi vernahm, dass sie einen festen Freund hatte, hakte er die Begegnung für sich ab. »Man treibt keinen Keil in eine bestehende Beziehung«, sagt er, »das gehört sich einfach nicht.« Ein halbes Jahr später trafen sie sich zufällig wieder. Angelika war schon länger Mitglied der Trachtengruppe Altdorf, als Wisi einen Schnupperabend des Vereins besuchte. Weil es an Männern mangelte, kam er bei jedem Tanz zum Zug und hatte Gelegenheit, Angelika näher kennen zu lernen. Obwohl sie ihm immer besser gefiel, versteckte er seine Gefühle. Er hatte nicht vergessen, dass sie in festen Händen war.

Wisi ahnte nicht, dass sich Angelika allmählich in ihn verliebte. Erst viel später erfuhr er, dass diese Situation sie in ein Dilemma gestürzt und stark belastet hatte. Letztlich trennte sie sich von ihrem Freund, weil sie reinen Tisch machen wollte. Sie sagt: »Ich brauche klare Verhältnisse.«

Wenige Tage nach der Trennung begegnete sie Wisi an einem Geburtstagsfest, doch weder sie noch er brachten ein Wort zu ihren Gefühlen über die Lippen. Wisi fand, er müsse sich zurückhalten, weil das Ende ihrer Beziehung, von dem er erfahren hatte, erst so kurz zurücklag. So stieg die Spannung bei beiden von Tag zu Tag. Der Bauernsohn war insofern abgelenkt, als auf dem Hof eine Menge Arbeit anstand.

Er war gerade daran, mit dem Mistzetter ein Feld zu düngen, als Angelika bei Zgraggens anrief und sich nach ihm erkundigte. Sie hatte die Ungewissheit nicht mehr ausgehalten. Er meldete sich umgehend, und die beiden verabredeten sich: in Angelikas Elternhaus, wo sie in der Wohnung ihrer Schwester Unterschlupf gefunden hatte.

Der Zufall wollte es, dass Wisi den Mistzetter in Altdorf ausgeliehen hatte, keine hundert Meter von Angelikas Elternhaus entfernt. Frisch geduscht und gekleidet, brachte er am Abend des Rendez-vous zuerst das Gerät zurück und fuhr dann mit seinem Traktor bei der Familie Stadler vor. Er sei wahnsinnig aufgeregt gewesen, erinnert er sich, sein Herz habe zum Zerspringen geklopft.

Angelika wollte endlich Klarheit und fragte, was denn nun mit ihnen sei. Wisi gestand ihr, er empfinde für sie »mehr als freundschaftliche Gefühle«. Dass er sich so zurückhaltend und umständlich ausdrückte, obwohl er bis über beide Ohren in sie verliebt war, hing auch damit zusammen, dass er sich in der fremden Wohnung nicht richtig wohlfühlte. Immerhin verabredeten sie sich zum Rosenball und gaben sich zum Abschied einen Kuss.

Als sie ein Paar wurden, war Wisi zwanzig, Angelika zwei Jahre älter. Sie hatte inzwischen die Wohnung in Flüelen übernommen, die sie mit ihrem Freund geteilt hatte. Wisi wollte früh heiraten, weil er sich eine eigene Familie wünschte. »Für mich ist Alleinsein das Schlimmste auf der Welt«, sagt er, »ich freute mich auf eigene Kinder und einen eigenen Haushalt.« Nachdem er zweieinhalb Jahre mit Angelika zusammen war, machte er ihr, nervös zwar und unsicher, einen Heiratsantrag, und sie sagte sofort Ja.

Die zivile Trauung fand Anfang September 2000 in Erstfeld statt, die kirchliche einige Wochen später gleichenorts in der Jagdmattkapelle, in der viele Urner Paare heiraten. Trauzeugen waren Wisis Schwester Silvia und Angelikas Bruder Thomas. Als

sie mit dem Auto zur Kapelle fuhren, lief im Radio Bon Jovis Hit
»It's My Life«. Das habe perfekt zu ihrer Stimmung gepasst und
all das ausgedrückt, was sie in jenem Moment bewegte, sagt Angelika. Das Fest im nahen Seedorf ließ keine Wünsche offen.
Dutzende von Freunden und Verwandten gratulierten ihnen, sie
aßen gut und tanzten bis spät in die Nacht. »Es war ein tolles Erlebnis, schlicht überwältigend.« Neun Monate später bezogen sie
auf dem Bielenhof die Wohnung im ersten Stock des neuen Hauses. Angelika sagt: »Ich war schon sehr verliebt und glücklich.«

Dabei verkörperte Wisi vieles, was überhaupt nicht ihren Vorstellungen entsprach. Sie hatte sich beispielsweise geschworen,
nie nach Erstfeld, »in dieses Schattenloch am Ende der Welt«, zu
ziehen. Im Vergleich zum tristen Eisenbahnerdorf kam ihr der
Kantonshauptort Altdorf »wie eine sonnige Stadt« vor, in der
man am Puls des Geschehens war. Auch war ein Bauer nicht unbedingt das, was sie sich erträumt hatte. Sie sah sich überhaupt
nicht als konventionelle Bäuerin, die ihre Tage im Stall verbringt,
Kühe melkt und den Garten bestellt.

Wisi hatte das schnell realisiert, als er sie näher kennen lernte.
Die Anpassung fiel ihm nicht schwer, weil er viel mehr Wert auf
eine attraktive Frau als auf eine zusätzliche Arbeitskraft für seinen Betrieb legte. »Ich suchte ja keinen Knecht«, sagt er, »sondern
eine Frau, die ich liebe.« Daran änderte auch nichts, dass er sich
von daheim her ein anderes Modell gewöhnt war. Seine Eltern
waren immer ein eingeschworenes Team gewesen, und seine
Mutter hatte sich voll und ganz mit ihrer Rolle als Bäuerin iden-
tifiziert.

Angelika hingegen winkte ab. Sie war damals noch zu hundert
Prozent als Arztgehilfin tätig und verdiente ihr eigenes Geld, mit
dem sie unter anderem die Hochzeit und einige neue Möbel für

die gemeinsame Wohnung bezahlt hatte. Sie pochte darauf, an den Wochenenden ihre freien Tage einzuziehen. Wisi war damals noch bei seinen Eltern angestellt und wurde von ihnen nur bescheiden entlöhnt. Daran störte sich Angelika nicht; sie wusste, was es hieß, mit wenig Geld auszukommen. »Ich bin in einfachen Verhältnissen aufgewachsen.«

Als sie kurze Zeit später schwanger wurde, gab sie ihre Stelle auf. Der kleine Thomas kam am 15. August 2001 auf die Welt. Nun änderte sich das Leben von Grund auf. Angelika erinnert sich an eine »knatschige Zeit«. Wisi habe von morgens bis abends gearbeitet, mindestens sechs Tage pro Woche, und wenn es ganz schlimm war, auch noch am Sonntag. Von Familienidylle keine Spur. Der junge Vater hatte nur wenig Zeit für Frau und Kind.

Angelika begehrte deswegen auf. Sie sei ihm oft an den Karren gefahren und habe klargestellt, dass sie nicht allein verantwortlich sein wolle für ihren Sohn. »Ich wollte, dass sich Wisi mehr am Familienleben beteiligte und dass wir am Wochenende auch mal zu dritt etwas unternahmen.«

Er vertröstete sie, es werde bald besser. Sie müsse nur noch ein bisschen Geduld haben. Sobald er seinen Abschluss als Meisterlandwirt gemacht habe, falle diese Zusatzbelastung weg. Außerdem liebäugelte er mit der Umstellung des Hofs von Milch- auf Fleischwirtschaft, was ihn vom Zwang befreit hätte, die Tiere frühmorgens und abends zu melken. Damit wären sie tatsächlich flexibler gewesen. Doch Angelika orientierte sich als nüchterne Person an der Realität. »Das waren große Worte, interessante Pläne, aber was ich brauchte, waren Taten beziehungsweise konkrete Veränderungen.«

Der Alltag auf dem Hof setzte ihr immer mehr zu. Auch deshalb, weil sie kaum Kontakt zur Dorfbevölkerung fand, denn dafür ist der Hof zu abgelegen. Die alten Kolleginnen verlor sie zusehends aus den Augen, und für die Arbeit im Garten und im Stall konnte sie sich immer noch nicht erwärmen. Sie stellte zwar Konfitüre und Sirup aus den hauseigenen Aprikosen, Himbeeren und Holunderblüten her, aber sie wurde einfach keine richtige Bäuerin. Daran änderte auch der Besuch der Bäuerinnenschule nichts. Es war eine schwierige Phase in ihrem Leben. Sie fühlte sich oft unausgefüllt, ja sogar nutzlos als Mutter eines Einzelkindes. Was leistete sie denn überhaupt? Wenn es ganz schlimm wurde, packte sie den kleinen Thomas und fuhr mit ihm nach Altdorf zu ihrer Mutter, mit der sie immer schon ein enges Verhältnis hatte.

Dass sie unter einem Dach mit ihren Schwiegereltern wohnte, machte die Sache für Angelika auch nicht einfacher. Im Gegenteil. Weil sie in ihrem Leben andere Prioritäten setzte als Alois und Silvia Zgraggen, kam es hin und wieder zu Unstimmigkeiten. Angelika fühlte sich »sehr unter Beobachtung«.

Die Gegensätze sind tatsächlich beträchtlich: hier das ältere Paar, das sein Leben lang auf Ferien und Freizeitaktivitäten verzichtet hat, da die junge Schwiegertochter, die keine Lust hat, ihr ganzes Leben dem landwirtschaftlichen Betrieb unterzuordnen und jedes Vergnügen preiszugeben. Immerhin schaffte sie es, dass Wisi mit ihr kurz nach der Hochzeit eine Woche Badeferien in Ägypten machte. Dabei konnte sie sich auf den Pfarrer berufen, der sie getraut und Wisi ins Gewissen geredet hatte, er müsse jedes Jahr eine Woche Urlaub mit seiner Frau beziehungsweise mit der Familie verbringen, wenn die Ehe Bestand haben solle.

Für Wisi sei es ungewohnt gewesen, seine Freizeit aktiv zu gestalten. Wenn sie ihn einmal zu einem Ausgang mit Kollegen überredet hatte, sei er jeweils gegen 22 Uhr fast am Tisch eingeschlafen. »Für Wisi bestand Erholung früher nur aus liegen und schlafen.« Erst mit den Jahren habe sie ihn für Wanderungen, Ski- und Velotouren gewinnen können.

Angelikas Familie war am Anfang denn auch skeptisch, ob Wisi der richtige Mann für sie sei. Mutter Stadler fragte ihre Tochter einmal, ob sie ihn wirklich wolle. Ihr Bruder Thomas war als Tierarzt vertraut mit dem landwirtschaftlichen Leben. Er neckte seine Schwester und schloss Wetten ab, dass sie nicht lange mit dem jungen Bauern zusammenbleiben werde. »Angie«, lachte er ihr ins Gesicht, »das ist doch nichts für dich.«

Angelika seufzt: »Es ist halt Liebe, was mich mit Wisi verbindet.« Dass es allen Unterschieden zum Trotz funktioniere, habe stark damit zu tun, dass sie so gut miteinander reden können. »Mein Mann geht Problemen in einem Gespräch wirklich auf den Grund.« Er gebe keine Ruhe, bis ein Konflikt ausgeräumt sei. Manchmal komme es, temperamentvoll, wie sie seien, auch zu lautstarken Auseinandersetzungen, aber auch das könnten sie gut handhaben. Weder Wisi noch sie seien nachtragend. »Es ist uns wichtig, dass wir am Ende des Tages Frieden schließen.«

Welches Fazit zieht Angelika heute? Sie sei schon sehr unerfahren und naiv in diese Ehe und das Leben auf dem Bauernhof hineingerutscht. Sie habe viel Zeit gebraucht, um ihre Rolle zu finden und ein stabiles Selbstbewusstsein aufzubauen. Die ersten Jahre nach Wisis Unfall hätten ihre Beziehung auf eine harte Probe gestellt und sie erst recht dazu gezwungen, sich ganz auf ihn und seine Bedürfnisse zu konzentrieren. »Meine Wünsche sind damals etwas zu kurz gekommen«, sagt sie, »aber die Situation war nun einmal so, wie sie war, und ließ mir keine Wahl«. Sie habe es aber nie bereut, Wisi geheiratet und mit ihm eine Familie gegründet zu haben. Am Unglückstag war sie mit Reto im fünften Monat schwanger, 2005 brachte sie Ivan zur Welt, 2007 Leonie.

Für die Betreuung der Kinder trägt Angelika die Hauptverantwortung. Wisi sei aber ein herzlicher Vater, der Geduld mit ihnen habe. Gleichzeitig wolle er aber auch vermitteln, dass man ohne Arbeit zu nichts komme. »Wir wollen keine faulen Kinder, die herumhängen.« Wenn sie von der Schule nach Hause kommen, achtet Angelika darauf, dass sie sich nicht hinter elektronischen Geräten verschanzen. Also setzt sich die weizenblonde, stets gut gelaunte kleine Leonie an den Küchentisch, schnappt sich einen Block und beginnt zu zeichnen. Das Sujet? Eine Kuh mit einer riesig langen Zunge.

Angelika und Wisi legen Wert darauf, dass sich die Kinder im Dorf besser integrieren als Wisi seinerzeit. Sie waren in Spielgruppen und im Kindergarten, sind im Jugendsport und in der IG Velo dabei und verabreden sich an freien Nachmittagen mit Freundinnen und Freunden.

Angelika managt nicht nur den Sechspersonenhaushalt mit Mittagessen, an denen oft Gäste mit am Tisch sitzen wie die Lehrlinge, ihr Nachbar Res Gisler, Verwandte oder Kolleginnen. Sie erledigt auch einen großen Teil der Betriebsbuchhaltung und der immer umfangreicheren administrativen Arbeiten. Im Büro stehen mittlerweile zwischen fünfzig und sechzig Ordner im Regal; den Eltern genügte in der Anfangszeit ein einziger. Nebst Quittungen enthalten sie ökologische Leistungsnachweise, Dokumente zum Futterbau und Unterlagen des Verbands Mutterkuh Schweiz zum Tierbestand.

Dazu hilft sie bei der Direktvermarktung: das Fleisch einsalzen, konservieren, verpacken und etikettieren. Sie stellt Konfitüre, Apfelringe, Sirup, Schnaps und seit neuestem auch Raumspray her. Im Stall braucht Wisi seine Frau nur selten, er ist aber dankbar, dass sie während der strengen Erntezeit auf den Wiesen und Weiden immer dabei ist und mitanpackt. Außerdem hilft sie, die Tiere auf die Alp zu bringen und sie wieder von dort abzuholen.

Doch Angelika ist keine Heilige, und so betont sie denn auch, wie wichtig das Jahr 2013 für sie gewesen sei, als das Nesthäkchen Leonie in die erste Klasse kam. Seither könne sie sich wieder mehr ihren eigenen Bedürfnissen widmen. Sie seien auf dem Hof und im Haushalt gut organisiert.»Bei Bedarf arbeite ich auch mal bis abends um zehn.« Zuweilen nehme sie sich aber auch die Freiheit heraus, mit einer Freundin mitten in der Woche den Markt in Luino zu besuchen oder an einem schönen Winternachmittag im nahen Andermatt Ski zu fahren. Wisi lasse sie machen, er spüre, dass sie diese Freiräume brauche. Ein Stück Fleisch könne er mithilfe der Kinder auch mal selber auf den Tisch bringen.

Der Unfall

Angelika war gerade mit dem anderthalbjährigen Thomas nach Hause gekommen, als das Telefon im Büro unten im Erdgeschoß läutete. Wisis Schwester Silvia nahm den Anruf entgegen: Alois. Sie müsse auf der Stelle Angelika an den Apparat holen. Mehr sagte er nicht, und trotzdem spürte Silvia, dass etwas Bedrohliches in der Luft lag. Sie hastete nach oben. »Angelika! Telefon! Schnell!« Diese eilte ins Büro und ergriff den Hörer. Es war Mittwoch, der 16. Oktober 2002, gegen 19 Uhr und bereits dunkel. Angelika, die im fünften Monat schwanger war, hörte Alois sagen: »Ich gebe dir Wisi. Bleib ganz ruhig!«

Es war ein wunderschöner Herbsttag gewesen, föhnig und warm, geradezu perfekt. Überall hatten die Bauern nochmals ihre Wiesen gemäht. Auch bei Zgraggens war die ganze Familie auf der Pachtparzelle Höfliger im Einsatz, um die idealen Bedingungen zu nutzen. Mutter Silvia fuhr mit dem vierrädrigen Metrac übers Feld und machte mit dem Bandrechen »Mädli«. Angelika war mit dem kleinen Thomas gekommen. Er stolperte auf der Wiese herum, während sie Wisis Schwester Silvia half, liegen gebliebene Halme zusammenzurechen. Wisi hatte begonnen, mit der Maschine Ballen zu pressen, hinter ihm sein Vater auf dem zweiten

Traktor mit dem Ballenwickler, der das Heu mit einer hauchdünnen Plastikfolie umhüllt.

Als es Zeit wurde, die Kühe zu melken, fuhr Wisi mit dem Traktor zum Hof zurück, den kleinen Thomas zwischen den Beinen, Angelika auf dem Trittbrett. Daheim kümmerte sie sich um das Kind, während Wisi im Stall seine Arbeit verrichtete. Seine Schwester sagte zu ihm, sie komme nachher nicht mehr mit aufs Feld. Ihr Mann sei mit einem Kollegen nach Hause gekommen; sie wolle den beiden etwas kochen. Wisi erwiderte: »Kein Problem! Mach nur!« Dann fuhr er mit dem Traktor zum Schützenschachen-Feld, um dort noch die letzten drei Ballen des Jahres zu pressen. Er freute sich schon auf den Feierabend.

Jetzt stand Angelika im Büro und vernahm am Telefon die Stimme ihres Mannes, die gemäß ihrer Erinnerung gefasst, ja »völlig normal« klang: »Es ist etwas Schlimmes passiert, Angelika. Bleib aber trotzdem ruhig!«, sagte er zu ihr, woraufhin sie wissen wollte, ob etwas mit seinem Rücken sei. »Nein«, sagte Wisi, »ich bin in die Ballenpresse geraten und warte auf die Rega.« Der eine Arm sei ab, der andere schwer verletzt. »Bleib bei Thomas, und denk daran, dass du unser Baby im Bauch hast. Ich lebe ja noch.« Als Angelika diese Szene beschreibt, kämpft sie mit den Tränen. Damals habe Wisi sie mit seiner kontrollierten Art zunächst davor bewahrt, in Panik auszubrechen. »Ich hielt mich an dem Satz fest, dass er noch lebe, und das war das Wichtigste.«

Silvia, ihre Schwägerin, hatte das Telefongespräch atemlos mitverfolgt. Als sie vom schweren Unfall hörte, fühlte sie sich wie gelähmt und unfähig, Angelika zu umarmen oder mit Worten zu trösten. »Ich wusste einfach nicht, was sagen.« Sie habe in den folgenden Stunden primär versucht, zu funktionieren: Was muss getan werden? Wie können wir helfen? Das einzige Gefühl, an das sie sich erinnern könne, sei die quälende Ungewissheit gewesen, welche körperlichen, aber auch seelischen Schäden Wisi davontragen werde. »Verliert er einen Arm oder gar beide?«, habe sie sich bang gefragt.

Angelika blieb, wie geheißen, mit Thomas im Haus. Nachdem sie das Gespräch mit Wisi beendet hatte, traf sie das Gehörte wie ein Schlag. Verzweiflung packte sie, und sie fragte sich, was sie jetzt tun sollte. Sie rief ihre Mutter an. Nun flossen die Tränen. »Ich habe nur noch geweint und gleichzeitig erzählt, was Wisi passiert ist.« Ihre Eltern, ihre Schwester und deren Mann kamen sofort auf den Bielenhof. Die Erschütterung machte alle ratlos, niemand wusste, was da draußen los war. Angelika bat, es solle jemand zu Wisi aufs Feld gehen. Sie spürte, dass sie sich und ihr ungeborenes Kind schützen musste. »Beim Anblick von Wisis Verletzungen wäre ich in einen Schockzustand geraten.« Sie bekam mit, dass die Rega inzwischen am Unfallort gelandet war. Als kurz darauf Alois, ihr Schwiegervater, ins Haus zurückkehrte, sagte er, der Helikopter sei mit Wisi auf dem Weg ins Zürcher Unispital.

Alois war zutiefst betroffen. Er hatte hautnah mitbekommen, was mit seinem Sohn passiert war. Als Wisi die Arbeit mit der Ballenpresse unterbrochen hatte, um die Kühe zu melken, machten die beiden ab, dass sie sich anschließend auf dem Schützenschachen-Feld treffen würden, um die letzten »Mädli« zu verarbeiten; Wisi mit der Ballenpresse, Alois mit dem Wickler. Sie wollten sich beeilen, um nicht tief in die Nacht hinein arbeiten zu müssen. Wisi hatte drei, vier Minuten Vorsprung, dann folgte sein Vater. Dieser beeilte sich, um ihn einzuholen, doch ein Bekannter am Wegrand hielt ihn auf und fragte, ob Zgraggens ein gutes Grasjahr gehabt hätten. Alois sagt, er sei in jenem Moment von einer seltsamen Unruhe erfasst worden, die ihn das Gespräch brüsk abbrechen ließ: »Du, ich muss weiter.« Als er noch 300, vielleicht auch 400 Meter von Wisi entfernt war, kam ihm seine Frau auf dem Metrac entgegen. Sie hatte ihre Arbeit beendet und war auf dem Heimweg. Die beiden winkten einander zu.

In diesen wenigen Minuten, vielleicht waren es sieben oder acht, war Wisi allein auf der Parzelle. Als Alois bei ihm eintraf, merkte er sofort, dass etwas nicht stimmte. Zu seinem Erstaunen war die Ballenpresse aufgeklappt. Als er näher heranfuhr, entdeckte er Wisi, der auf der Maschine lag und statt dem Arbeitskittel nur noch Stofffetzen am Körper hatte. Alois rannte zu seinem Sohn und erschrak zu Tode. Er sah, dass Wisi ein Arm abgetrennt worden war und er mit dem anderen immer noch in der Maschine feststeckte.

Sachte klopfte er ihm auf die Schulter, um herauszufinden, ob er überhaupt ansprechbar war. Zu seiner Überraschung reagierte Wisi glasklar und bat ihn, sofort den Motor des Traktors abzustellen, der über eine Welle immer noch die Presse antrieb. Alois tat, wie ihm geheißen. Und jetzt? Nun müsse er den zweiten Hydraulikhebel Richtung Kühler drücken, um damit die Presskammer zu öffnen und den Druck auf seinen Arm zu beseitigen, sagte Wisi. Dann müsse er den Motor wieder anlassen. Ob er sicher sei, fragte Alois. Ja, nur so brächten sie den Ballen, der seinen Arm einklemme, aus der Presskammer. Alois schwitzte Blut, ausgerechnet mit der Rundballenpresse kannte er sich nicht besonders gut aus. Er wusste in dem Moment bloß, dass er Wisis Anweisungen aufs Wort befolgen musste und sich keinen Fehler erlauben durfte. Wenigstens ging das alles gut. Zuletzt stellte er den Motor wieder ab und half seinem Sohn von der Ballenpresse hinunter. Die beiden standen einander gegenüber und schauten sich an. Wisi sagte: »Dädi, ich lebe ja!« Alois nickte, und Wisi sank auf die Knie.

Was Alois sah, schockierte ihn: Von Wisis linkem Arm war nur noch ein Stumpf übrig, der rechte war auf Höhe der Achsel beinahe abgetrennt; er hing nur noch an einigen Muskelfasern. Alois war froh, dass nahezu kein Blut floss. Trotzdem realisierte er blitzartig, dass es um Leben und Tod ging und er sofort Hilfe holen musste. Doch bei aller Eile musste er kühlen Kopf bewahren, um nichts falsch zu machen. Er wollte einen Krankenwagen kommen lassen, aber Wisi bestand darauf, die Rega anzurufen. Und die Nummer? Keiner von ihnen wusste sie; sie hatten sie auch nicht in ihren Mobiltelefonen gespeichert.

Als Alois den Auskunftsdienst 111 anrief, landete er in einer Warteschlaufe. Verzweifelt suchte er nach Alternativen. Die Feuerwehr! Deren Nummer hatte er im Kopf. Erleichtert vernahm er eine Stimme: »Feuermeldestelle Kanton Uri.« Es gehe nicht um einen Brand, schickte er voraus, nein, er brauche die Nummer der Rega. Sekunden später hatte er die 1414, dankte und tippte die Zahlenfolge hastig in sein Handy. Im Nu antwortete jemand. Alois beschrieb kurz den Unfall und die Schwere der Verletzungen, verlangte nach einem Helikopter und einem Notarzt und erklärte, dass sie sich auf der Wiese neben der Fischzuchtanstalt Silenen befänden. »Bitte kommen Sie schnell!«

Wisi war nach wie vor bei vollem Bewusstsein und verspürte praktisch keine Schmerzen. Er kniete vor seinem Vater, der ihm den Rücken stärkte, und sagte zu ihm: »So geht es nicht weiter, Dädi, wir müssen unsere Arbeit verändern, der Stress ist zu groß.« Alois seufzt. Es sei ihnen beiden schon auf der Unfallstelle klar gewesen, dass Wisi ein Opfer des immensen Drucks auf ihrem Hof geworden sei.

Als die Minuten vergingen und die Rega nicht kam, bat Wisi seinen Vater, Angelika anzurufen und ihm das Telefon ans Ohr zu halten. Für Alois kam es einem Wunder gleich, wie besonnen und ruhig er sprach. »Als wäre nichts geschehen!« Langsam war er es, der die Ruhe verlor. Wo blieb auch die Rega? Hatten sie Mühe, in der Dunkelheit das Feld zu finden? Er rief seinen Schwiegersohn Peter an, der mit Silvia vorübergehend im kleinen Studio im Bielenhof wohnte, und bat ihn, so schnell wie möglich aufs Feld zu kommen. Er müsse den Warnblinker und das Licht des Traktors einschalten. Sonst habe die Rega Schwierigkeiten, sie zu entdecken. Er könne das nicht selber machen, weil er Wisi betreuen müsse. Peter war mit seinem Kollegen Kari innert Minuten vor Ort.

Als die Rega zehn Minuten später immer noch nicht da war, rief Alois nochmals an. »Herrgott, wo seid ihr? Es ist dringend!« Wieso brauchten sie so lange, wo sich die Einsatzbasis doch nur ein paar Kilometer entfernt in Erstfeld befand? Später erfuhren Zgraggens, dass die Suche nach einem Arzt Zeit gekostet hatte. Außerdem wird jeweils ab 18 Uhr 30 nur noch der reduzierte Nachtbetrieb aufrechterhalten, der garantiert, dass ein Helikopter innert dreißig Minuten in der Luft ist, während er tagsüber innert fünf Minuten abheben kann. Alois hatte kurz nach halb sieben angerufen.

Wisi harrte weiterhin klaglos aus. Er machte sich Gedanken über seine Zukunft. Nach einigen Minuten Schweigen sagte er: »Dädi, ich komme wieder heim und werde weiterbauen, aber du musst deine Kühe opfern, ich kann nie mehr melken. Wir brauchen eine völlig neue Lösung für unseren Betrieb. Vielleicht können wir statt Milchwirtschaft Fleischwirtschaft betreiben.« Alois wusste, dass sein Sohn recht hatte. Nur: Jetzt war doch nicht der Moment, um solche Pläne zu schmieden, jetzt musste die Rega kommen! Nach rund zwanzig Minuten hörten sie endlich Motorengeräusche und sahen die Positionslichter des Helis am dunklen Himmel. In diesem Moment bat Wisi seinen Vater, in der Ballenpresse unbedingt noch nach seinem linken Unterarm zu suchen. Er erklärte ihm, wo, und siehe da, Alois fand ihn, zerfetzt, nur die Hand war praktisch unversehrt. Wisi freute sich. Er wollte den Unterarm mit ins Spital nehmen; heutzutage könne die Medizin ja so viel machen. Alois seufzt: »Wisi war überzeugt, man könne seine Arme retten.«

Nach der Landung eilten der Notarzt und ein Flughelfer mit einer Trage herbei. Sie fragten Wisi, ob er sich selber darauflegen könne, doch das schaffte er nicht mehr aus eigener Kraft. Als die Infusion zu wirken begann, die ihm der Arzt gesteckt hatte, verlor er das Bewusstsein. Er spürte nicht mehr, wie der Heli abhob und talwärts flog. Alois machte sich mit Peter und Kari auf den Heimweg. Er fühlte sich wie erschlagen.

Wisis Mutter Silvia hatte zuletzt vom Unfall erfahren. Nachdem sie den Metrac in der Remise abgestellt hatte, froh, den langen Arbeitstag beendet zu haben, schlenderte sie ins Haus. Wie gewohnt warf sie einen Blick ins Büro und stutzte, als sie ein Küchentuch aus dem Haushalt ihrer Tochter neben dem Telefon liegen sah. »Was ist denn hier los?«, habe sie sich gefragt, als sie die Treppe hinauf zu ihrer Wohnung ging, das passte doch gar nicht zu Silvia, die so großen Wert auf Ordnung legte.

Unmittelbar darauf kam ihre Tochter hereingestürzt und erzählte, was geschehen war. Die Mutter reagierte ähnlich wie ihre Älteste: Gefühle spürte sie in diesem Moment nicht. Sie ging hinunter, wo sie Angelika, in Tränen aufgelöst, mit ihren Eltern in der Stube fand. Sie habe auf dem Sofa gekniet, völlig verzweifelt; die Hände über dem Bäuchlein, das schon gut zu sehen gewesen sei. Silvia erschrak bei der Vorstellung, was nun alles auf das junge Paar zukommen würde. Als sie wieder in ihre Wohnung zurückgekehrt war und aus dem Küchenfenster über die Reuß blickte, stieg gerade der Helikopter der Rega auf.

Silvia fragte sich, was sie an Schlimmem hätte verhindern können, wenn sie noch auf der Wiese gewesen wäre, als ihr Sohn verunfallte. Alois verfluchte die Minuten, die er wegen des Bekannten auf der Fahrt zu Wisi eingebüßt hatte. Wäre er doch gleichzeitig mit ihm losgefahren! Wisis Schwester Silvia machte sich Vorwürfe, dass sie ausgerechnet im entscheidenden Moment nicht bei ihrem Bruder gewesen war und stattdessen beschlossen hatte, zu kochen. Welch folgenschwerer Fehlentscheid! Ständig sah sie vor ihrem inneren Auge Bilder mit seinen Händen: Wisi bei der Arbeit im Stall; Wisi bei der Montage einer geschnitzten Tafel am Marktwagen der Familie; Wisi am Abend des Unfalls, als ihm seine Mutter kurz vor der Abfahrt noch ein Sandwich in die Hand gedrückt hatte.

Wisi selber kann sich an nahezu jedes Detail seines Unfalls erinnern. 2002 war ein strenges Jahr für Zgraggens gewesen, die Arbeit wuchs ihnen fast über den Kopf, und vom Frühjahr bis zum Herbst, sagt er, habe »immer alles schnell, schnell, schnell erledigt« werden müssen. »Eigentlich waren wir überfordert.« Umso erleichterter war er, als er an jenem 16. Oktober daranging, die letzten Ballen zu pressen.

Klar, es gab da dieses ungelöste Problem mit der Maschine. Der Mechanismus, der dafür sorgt, dass das Garn zum Umwickeln der Ballen automatisch ausgelöst und zuletzt abgeschnitten wird, war beeinträchtigt. Doch seither hatte er um die 200 Ballen gepresst und wusste, dass er den Automatismus auch manuell auslösen konnte, wenn er wieder mal klemmte. Dazu musste er über eine kleine Leiter auf die Maschine klettern und den betreffenden Hebel von Hand umstellen. Inzwischen hatte er schon Übung darin und erlaubte sich sogar, den Traktor, der die Presse antreibt, laufen zu lassen, statt ihn immer wieder abzustellen und dann wieder zu starten. Auf diese Weise konnte er jedes Mal ein paar Sekunden Zeit einsparen. Er wusste, dass er damit im Grunde fahrlässig handelte. »Aber was macht man nicht alles aus Bequemlichkeit.«

Dass er die Maschine, eine knapp 50 000 Franken teure Deutz-Fahr MP 130, nicht sofort reparieren ließ, hing damit zusammen, dass er sie dringend brauchte und sowieso bald ein Service anstand. Er vermutete, dass Feuchtigkeit in die Elektronik eingedrungen war. Am Unfalltag war die Presse besonders störungsanfällig. Wisi hatte schon beim zweitletzten Ballen auf die Maschine klettern und Hand anlegen müssen. Er fluchte, als sie auch beim dritten, dem letzten des Tages, ja des ganzen Jahres, erneut Schwierigkeiten machte. Dabei sehnte er nichts so sehr herbei wie den Feierabend.

Was blieb ihm anderes übrig, als nochmals Hand anzulegen. Entnervt, wie er war, ließ er auch diesmal den Motor des Traktors laufen. Er stand auf der Maschine und hatte bereits eine Portion Garn von der Walze in der Hand, als er mit dem rechten Arm in einen rund fünfzehn Zentimeter breiten Zwischenkanal geriet, über den das Netz zum Grasballen geführt wird. Er versuchte sofort, den Arm zurückzuziehen, doch sein breites Handgelenk brachte er nicht mehr heraus.

Jetzt rächte es sich, dass er den achtzig PS starken Motor des Traktors nicht abgestellt hatte. Der Ballen drehte unablässig weiter, ebenso die Walze mit dem Garn, und er war nicht in der

Lage, der gewaltigen Kraft, die auf seinen Arm einwirkte, etwas entgegenzusetzen.

Fatalerweise rutschte er auch noch auf der glitschigen Unterlage aus und verlor vollständig die Kontrolle über seinen rechten Arm, der nun bis zur Schulter feststeckte. Die Walze rotierte an seinem Bizeps und verletzte ihn schwer, der Grasballen richtete das Gleiche mit seinem Trizeps an. Langsam schwante ihm Böses. »Ich merkte, dass es um alles ging.«

Er versuchte, sich mit der linken Hand an einem Vierkantrohr oberhalb der Walze abzustützen, um zusätzliche Kraft zur Befreiung seines rechten Arms zu gewinnen. Doch er verfehlte das Rohr und geriet stattdessen mit der linken Hand zuerst auf die Walze und dann ebenfalls in den verhängnisvollen Zwischenkanal. Immerhin gelang es ihm, sich mit dem Brustkorb auf der rotierenden Antriebskette aufzufangen. Er spürte zwar, wie die Walze an seinem Schulterblatt direkt neben dem Kopf raffelte, dafür konnte er den linken Ellbogen frei behalten. Die Zugkräfte am linken Unterarm aber waren so mörderisch, dass sie ihn aus dem Ellbogengelenk rissen. Lakonisch konstatiert Wisi: »Der war plötzlich weg, verschwunden in der Maschine.«

Er verspürte keine Schmerzen und zerrte nochmals mit aller Kraft an seinem rechten Arm. Aussichtslos! Ihm war, als kämpfe er schon eine Ewigkeit gegen die Maschine an, »mindestens eine halbe Stunde«. In Tat und Wahrheit waren es höchstens zwei, drei Minuten gewesen.

Plötzlich hörte er den Traktor seines Vaters und hoffte inständig, er möge sofort zu ihm kommen. Er hatte Glück im Unglück: Alois merkte schnell, dass etwas nicht stimmte und befreite ihn aus der Maschine. Erst als Wisi wieder aufrecht stehen konnte, nahm er wahr, dass sein linker Unterarm fehlte und der rechte

Arm nur noch an einigen Muskelfasern hing. Der Unterarm und die Hand waren noch intakt, der Oberarm vorn und hinten aber nahezu vollständig zermalmt. Alois half Wisi, von der Presse hinunterzusteigen. Er sank auf die Knie, weil es ihm kaum mehr gelang, die Balance zu halten. Innerlich schwor er sich darauf ein, so lange wie möglich bei Bewusstsein zu bleiben, zu funktionieren und die Situation nüchtern zu betrachten. Schmerzen spürte er, Gott sei Dank, immer noch keine.

Als man ihn auf die Tragbahre legte, verfolgte er mit nahezu analytischem Blick, wie schwierig das mit einem Menschen ohne Arme ist. Alle fünf Männer mussten mit anpacken – der Notarzt, der Flughelfer, Alois, Peter und Kari –, einer am Kopf, die anderen beidseitig am Rumpf und an den Beinen. Wisi sagt:»Ich kam mir vor wie ein Stück Fleisch, das herumgewuchtet wird.« Er spürte, wie ihm der Arzt die Hosen aufschnitt und die Schuhe und Socken auszog, damit er die Infusion stecken konnte. Ehe sie ihn zum Helikopter trugen, der fünfzig Meter weiter weg gelandet war, bat er seinen Schwager, den linken Unterarm nicht zu vergessen – und scherzte:»So hast du mir die Hand auch noch nie gegeben.«

Wenn er sich heute an diese makabre Situation erinnert, lacht er schallend.»Ich weiß wirklich nicht, welcher Teufel mich da geritten hat.« Offenbar sei er so erleichtert gewesen, dass der Rega-Helikopter da war und seine Hand mit an Bord, dass er sogar zu einem Späßchen aufgelegt war, ehe er sich der einschläfernden Wirkung der Infusionen überlassen und ohnmächtig werden konnte.

Unterwegs erwachte er wieder. Er hatte keine Ahnung, was passiert war. Nur dass es wahnsinnig laut war, realisierte er. Auf einmal spürte er auch Schmerzen und begann zu stöhnen. Der

Rega-Arzt gab ihm starke Medikamente, und Wisi war wieder weg.

Einige Tage nach dem Unfall bat er seinen Onkel Josef, in der Ballenpresse nach seinem Ehering zu suchen. Seither trägt Wisi den Ring an einem Kettchen um den Hals.

Bei der Untersuchung der Maschine durch die Polizei und die Servicefirma stellte sich heraus, dass in einem Stecker eine Lötstelle gebrochen war, was einen Wackelkontakt zur Folge gehabt hatte.

Im Universitätsspital

Nachdem Wisi mit dem Helikopter abtransportiert worden war, begannen für seine Angehörigen zermürbende Stunden des Wartens. Alle klammerten sich an die Vorstellung, dass die moderne Medizin wahre Wunder vollbringen könne. Wisis Schwester Silvia hoffte inständig, dass wenigstens einer seiner Arme gerettet werden konnte. Sie war überzeugt, dass ihr Bruder damit klarkommen und sogar den Hof weiterführen könne, zäh und widerstandsfähig wie er sei.

Irgendwann rief Angelika im Universitätsspital an und erfuhr, dass ihr Mann gerade operiert werde. Der Arzt werde sich anschließend bei ihr melden. Auf dem Bielenhof lasteten Angst und Ungewissheit. An Schlaf war nicht zu denken.

Als der Arzt auch nach Stunden nicht telefonierte, wurde die Angst immer größer. Um ein Uhr nachts verlor Angelika die Geduld; sie wollte endlich wissen, was los war. Innert Kürze hatte sie den Chirurgen am Draht und erfuhr, dass die Operation lange gedauert habe und soeben abgeschlossen worden sei. »Leider war nichts mehr zu machen, Frau Zgraggen«, sagte der Arzt, »wir konnten keinen der Arme retten.«

Angelika hörte seinen Erklärungen wie betäubt zu, hängte auf und begann zu schluchzen. Ihre Mutter, die bei ihr geblieben war, fragte, ob es eine Sache des Geldes sei, Wisis Arme zu retten. Ihre Tochter schüttelte den Kopf, nein, der Arzt habe gesagt, die Verletzungen seien zu gravierend gewesen. Man habe sich darauf beschränken müssen, die extrem verschmutzten Wunden zu reinigen. Wisi werde mit Prothesen leben müssen.

Angelikas Mutter überbrachte den anderen im Haus die niederschmetternde Nachricht. Sie könnten alles Geld der Welt herbeischaffen; es nütze nichts, beide Arme seien verloren. Wisis Schwester merkte, wie ihr zum ersten Mal die Tränen kamen. Auch ihr Mann Peter begann zu weinen. »Wir konnten es nicht glauben, dass ein Mensch beide Arme verliert.«

Nun wollte Angelika unbedingt nach Zürich. Sie rief ihren jüngeren Bruder Johannes an und bat ihn, sie ins Unispital zu fahren. Um drei Uhr früh machten sie sich gemeinsam mit Wisis Mutter auf den Weg, zwei Stunden später standen sie am Eingang der Intensivstation.

Dort stellte sich ihnen ein Pfleger in den Weg. Barsch fuhr er sie an: »Was fällt Ihnen ein?« Der Patient schlafe und dürfe nicht gestört werden. Angelika aber war entschlossen, zu ihrem Mann vorzudringen, und erhob die Stimme.

Offenbar hatte sie so laut gesprochen, dass Wisi sie hörte. Plötzlich tönte es nämlich aus dem Innern der Intensivstation: »Angelika, bist du es?« Nun gab es kein Halten mehr. Angelika erklärte dem Pfleger unmissverständlich, dass sie jetzt hineingehen werde. »Mein Mann ruft mich.« Er hatte alle Kraft zusammennehmen müssen, um sich bemerkbar zu machen, aber die Aussicht, seine Frau an seiner Seite zu haben, hatte ihn beflügelt.

Wisis Anblick ließ sie in Tränen ausbrechen: Sein Oberkörper war ein einziger dicker Verband, Kopf und Hals waren stark geschwollen. Er wusste noch nicht, dass er keine Arme mehr hatte.

Vielmehr meinte er, jede Fingerspitze unter dem Verband zu spüren. Als sie ihm eröffnete, was sie vom Arzt erfahren hatte, sagte er:»Angie, es ist gar nicht so schlimm, ich lebe ja noch.«

Die Situation war paradox, denn Wisi versuchte, die beiden Frauen zu trösten, nicht umgekehrt. Seine Mutter war erleichtert, dass er wenigstens keine Hirnverletzungen davongetragen hatte wie einer ihrer Brüder, der nach einer Quetschung keinen Menschen mehr erkannt hatte. Sie machten sich bald wieder auf den Heimweg, um ihn schlafen zu lassen. Als sie um sieben Uhr auf dem Bielenhof ankamen, wurde es langsam hell.

Silvia nahm an, dass Alois im Stall war. Es traf sie, als sie sah, wie sich ihr Mann weinend an eine seiner Kühe klammerte. Sie wusste, dass ihm schwere Zeiten bevorstanden. Schließlich musste er nicht nur mit dem Unfall und der ungewissen Zukunft seines Sohnes fertigwerden, sondern sich auch darauf einstellen, seinen Betrieb mit 57 Jahren völlig neu auszurichten. Der Abschied von den Milchkühen, das war allen Beteiligten klar, war nur eine Frage der Zeit.

Alois seufzt. In der Nacht nach dem Unfall habe er sich schlaflos in seinem Bett gewälzt, gepeinigt von Sorgen. Frühmorgens musste er in den Stall, um die Kühe zu melken. Andreas, Angelikas Bruder, ging ihm zur Hand.

Um acht Uhr kam der Bauer von der Sennhütte vorbei und fragte, ob er helfen könne. An der Milchsammelstelle habe er vernommen, was passiert sei. Der Mann einer Nichte, die in Erstfeld wohnt, war der Nächste, der telefonisch seine Unterstützung anbot. Er sei gerade im Militärdienst und habe einen Landwirt in der Kompanie, den er einige Tage entbehren könne. Alois nahm das Angebot dankend an. »Das war ein Mann, dem man nichts erklären musste. Er hat uns viel abgenommen.« Alle paar

Minuten riefen weitere Leute an und erkundigten sich nach Wisis Zustand.

Alois weiß nicht mehr, wie er diesen Tag überstanden hat, aber an eines erinnert er sich noch ganz genau: Er habe mit der Trennscheibe das Futtersilo zerlegt, weil ihm klar gewesen sei, dass sie die Haltung und Zucht von Milchkühen aufgeben mussten und die Art Viehfutter, die sie im Silo lagerten, nie mehr brauchen würden.

Am Abend fuhr er mit dem Tierarzt ins Universitätsspital, um Wisi zu besuchen – und war betroffen, als er seinen schwer verletzten Sohn sah, dick eingepackt in Verbände. Jedes Mal, wenn er am Spitalbett saß, habe ihn eine große Traurigkeit ergriffen.

Auch Mutter Silvia litt schwer unter der Belastung. Sie verharrte in einem Zustand, der ihr knapp erlaubte, zu Hause zu erledigen, was zu erledigen war. Von da an hatte sie Mühe, ins Turnen zu gehen. Sie habe immer gedacht:»Das ist doch eine verkehrte Welt, ich habe Arme, mein Sohn hat keine mehr.« Das habe ihr enorm zugesetzt. Noch heute tue es ihr manchmal weh, wenn er vor ihr stehe und sage:»Mama, kannst du mir den Hosenknopf öffnen?« Dann lasse sie alles fallen, um ihm sofort zu helfen.

Ähnlich erging es ihrer Tochter Silvia. Am Tag nach dem Unfall fuhr die gelernte Floristin frühmorgens an die Blumenbörse nach Luzern. Sie hatte Freunden für die Hochzeit eine Tischdekoration versprochen und wollte die passenden Materialien einkaufen.»Ich habe mich zugebuttert mit Arbeit«, sagt sie, aber das sei für sie wohl das einzig Richtige gewesen, um über den Schock hinwegzukommen. Zusammen mit ihrem Mann sei sie am Samstag dann auch an das Hochzeitsfest gegangen, »nicht um zu feiern«, wie sie betont, »sondern um mein Leben irgendwie weiterzuführen«.

Weil sich Wisis Unfall im ganzen Kanton wie ein Lauffeuer herumgesprochen hatte, wurde sie von den Anwesenden mit Fragen bombardiert.

Sie habe Angst vor der ersten Begegnung mit ihrem Bruder im Spital gehabt und sich bang gefragt, wie er mit diesem Schicksalsschlag umgehen werde. »Ich hatte bis dahin nie Kontakt mit behinderten Menschen gehabt und kam mir so hilflos vor; ich wusste nicht, was ich sagen sollte.« Wisi machte es ihr, wie allen anderen, ganz leicht. »Letztlich war er es«, sagt Silvia, »der seine Besucher aufstellte.« Gleichwohl habe sie fünf Jahre gebraucht, um einen natürlichen Umgang mit seiner Behinderung zu finden. Bis dahin sei sie ständig darauf bedacht gewesen, ihm alles abzunehmen.

Im Spital erfuhr der junge Patient große Anteilnahme, und dies längst nicht nur von der engsten Familie und vom Personal. An einem einzigen Sonntag kamen ihn 37 Freunde, Verwandte und Bekannte besuchen, und Angelika versuchte, den nicht enden wollenden Andrang so geschickt wie möglich zu verteilen. Die vielen Gespräche hätten ihm gutgetan und den Psychiater ersetzt, sagt Wisi. »Ich habe Dutzende Male erzählt, wie es zum Unfall gekommen ist, und ihn so nach und nach ein wenig verarbeiten können.«

Auch wenn all diese Leute wichtig für ihn waren, so brauchte er in dieser Zeit im Grunde nur einen Menschen: Angelika. Sie gab ihm Halt. Einmal pro Woche hätten sie gemeinsam einen Tag durchgeweint, nachher sei es wieder viel besser gewesen. Wenn seine Frau an ihre Grenzen kam, hatte Wisi immer noch irgendwo einen Reservetank, aus dem er Kraft schöpfen konnte, um sie zu trösten.

Täglich fuhr sie während der vier Wochen, in denen er im

Universitätsspital lag, nach Zürich. Als sie ihn einmal bat, einen Tag pausieren zu dürfen, brach er in Tränen aus. Angelika wusste, was sie zu tun hatte, und machte sich auf den Weg. Sie saß dann an seinem Bett, erzählte, was auf dem Bielenhof lief, wusch ihn, und gegen Abend kehrte sie nach Erstfeld zurück.

Wisi wurde achtmal in Vollnarkose versetzt, unter anderem, damit die Ärzte die komplizierte Wundreinigung vornehmen konnten. Sein Körper war bis tief in den Brustkorb mit Erde und Gras verschmutzt und musste gründlich gesäubert werden. Die Infektionsgefahr machte es auch nötig, ihm den Rest des noch erhaltenen rechten Oberarmknochens vollständig aus der Schultergelenkpfanne herauszutrennen. Eine nicht wunschgemäß verlaufene Hauttransplantation erforderte abermals einen Eingriff. Allen Schwierigkeiten zum Trotz verlief die Wundheilung letztlich gut.

Es sei schon eine schlimme Tortur gewesen, räumt Wisi ein. Nach einer Operation erwachte er mitten in der Nacht schweißgebadet und voller Schmerzen. Der diensthabende Arzt fand erst nach einigen Stunden Zeit, sich um ihn zu kümmern. Er erschrak, als er sah, wie schlecht es dem Patienten ging, schob ihn augenblicklich in den Vorbereitungsraum des Operationssaals und spritzte ihm mehrere Dosen eines Opiumpräparats. »Anders ging es nicht mehr«, sagt Wisi. Anderentags bekam er in seinem Zimmer einen eigenen Apparat, der ihn auf Fußdruck mit dem lindernden Medikament versorgte. Er hätte es am liebsten nonstop getan, so stark waren die Schmerzen, doch er durfte nur alle neun Minuten drücken. Er rief Angelika an und bat sie, ihm eine Uhr mit Sekundenzeiger mitzubringen.

In jenen Wochen sei er wirklich schwer angeschlagen gewesen, seufzt Wisi. Die Schmerzen, die vor allem von zerfetzten Nerven und dem verletzten rechten Schultergelenk herrührten, hätten ihn an seine Grenzen getrieben. Die Medikamente, darunter auch vorsorglich verabreichte Antidepressiva, versetzten ihn in einen merkwürdigen Dämmerzustand, den er aber klaglos erduldete. Die Ärzte warnten Zgraggens wiederholt davor, dass Wisi mit Sicherheit von Depressionen übermannt werde. Das sei eine normale Folge eines derart traumatischen Ereignisses. Er erlebte tatsächlich einige Tage, an denen er sehr niedergeschlagen war. An einen kann er sich besonders gut erinnern. Weil Angelika später als sonst kommen wollte, schaltete ihm das Pflegepersonal den Fernseher in seinem Zimmer ein. Es lief eine Dokumentarsendung über ein Open-Air-Festival, und Wisi, der leidenschaftliche Tänzer, sah junge Männer und Frauen, die ausgelassen herumsprangen und in die Hände klatschten. »Ich nahm nur noch die vielen Hände wahr«, erzählt er, »und kam mir nutz- und wertlos vor; ja, am Tiefpunkt dachte ich, ich sei nicht einmal mehr ein Mensch.«

Manchmal hätten ihn auch die Reaktionen der Besucher demoralisiert. Mehr als einmal habe er in bestürzte, fassungslose Gesichter geblickt, die ihm den Eindruck vermittelten, seine Perspektiven seien katastrophal. Da habe er Angst bekommen, dass seine Umgebung ihn nicht mehr richtig wahrnehme, weil er sich ohne Hände nicht verständlich machen könnte. »Vorher habe ich wie ein Italiener heftig mit beiden Händen gestikuliert«, sagt er, »nun fühlte ich mich wie kastriert, unfähig, mich auszudrücken und meine Gefühle zu vermitteln.«

Was ihm schier unerträglich schien, war die Aussicht, seine Frau nie wieder in die Arme nehmen und mit den Händen berühren zu können. Auch sein Baby, das war ihm sofort klar, würde er nie halten und umarmen können. Dachte er an den

Hof, fiel ihm in den ersten Tagen nach dem Unfall nichts ein, was er mit seiner Behinderung hätte tun können. »Ich war mir zwar bewusst, dass ich als ausgebildeter Landwirt viel von Tieren und Pflanzen und den Abläufen auf einem Betrieb verstand, aber damals war ich überzeugt, jede einzelne Handlung – das Wort sagt es ja schon – laufe über die Hände.«

Schwer zu ertragen sei auch seine »totale Hilflosigkeit, das vollständige Ausgeliefertsein« gewesen, das sich für ihn vor allem beim Essen offenbarte. »Ich fand es entwürdigend, dass man mir die Mahlzeiten einlöffeln musste.« Er habe damals realisiert, mit wie vielen Entscheiden das alltägliche Essen verbunden sei: Wann esse ich was in welcher Menge? Im Spital waren es die Pflegepersonen, die diese Wahl für ihn trafen.

Die lange Bettlägerigkeit brachte zudem den Wasserhaushalt seines Körpers völlig durcheinander. Es lagerte sich in Form von Polstern vor allem am Hals, im Gesicht und an den Beinen ab. Wisi nahm innert Tagen rund zwanzig Kilogramm zu. Sein Körper brauchte auch Zeit, um sich darauf einzustellen, dass es keine Arme mehr gab, die er mit Wasser versorgen musste.

Nach zwei Wochen durfte er aufstehen und einige Schritte gehen. Angelika stützte ihn und schob ihm den Infusionsständer hinterher, wenn er aufs WC musste. Der kleine Thomas, knapp eineinhalbjährig, war auch dabei und realisierte wohl zum ersten Mal, dass sein Vater keine Arme mehr hatte. Wisi weiß jedenfalls noch genau, dass der Bub bei seinem Anblick wie angewurzelt im Spitalgang stehen blieb und ihn entgeistert anschaute. »Das hat mir einen Riesenstich versetzt«, erzählt Wisi, »und mich zum Weinen gebracht.« Heute könne sich Thomas zwar an nichts mehr erinnern, aber er habe damals garantiert vieles mitbekommen, was in sein Unterbewusstes eingedrungen sei. »Er ist ein sehr, sehr vorsichtiger Jugendlicher geworden, der weiß, dass im Leben schlimme Sachen passieren können.«

Eine freudige Überraschung bereiteten ihm seine Eltern. Alois und Silvia teilten ihm noch vor dem Ende seines Spitalaufenthalts mit, dass sie beschlossen hätten, die Milchkühe zu verkaufen, um die Arbeit auf dem Hof zu vereinfachen. Wisi fiel ein Stein vom Herzen. »Jetzt sah ich wieder eine Zukunft für mich als Bauer auf dem Bielenhof.«

Noch war es aber nicht so weit. Wisi bekam nach wie vor täglich dreißig Schmerztabletten und alle drei Tage ein hoch dosiertes Schmerzpflaster. Er kämpfte in dieser Zeit vor allem mit Phantomschmerzen und litt unter quälenden Empfindungen aller Art. Einmal fühlte es sich an, als würde er an den Armen mit Nadeln malträtiert oder von einem Messer durchbohrt, ein anderes Mal, als halte er seine Hand ins Feuer oder werde von schlimmen Krämpfen geplagt. Jeder Schmerz, den er früher einmal erlebt habe, sei wieder aufgetreten. »Mein Hirn spielte verrückt.« Es simulierte Schmerzempfindungen, obwohl es keine Signale mehr von den Händen und Armen bekam.

Dass schon bald ein Orthopäde der Zürcher Balgristklinik vorbeikam, ihn untersuchte und ihm die Vorteile, aber auch die Grenzen von Prothesen erklärte, lenkte ihn ab und tat ihm gut. Er hatte Abbildungen von Modellen mit Plastikhänden und solche mit Metallhaken dabei. Wisi interessierte vor allem eines: »Kann ich damit eine Motorsäge bedienen?« Der Arzt verneinte, eine Prothese könne nur die Grobmotorik ersetzen, während die Arbeit mit einer Motorsäge auch Feinmotorik und Kraft erfordere. Mit einer Prothese könne er aber immerhin eine Tasche tragen, selbständig essen und über die Straße gehen, ohne dass jemand realisiere, dass er keine Arme mehr habe; sie erfülle also auch einen kosmetischen Zweck. In der Rehabilitationsklinik in Bellikon werde er sich eingehender mit dem Thema auseinandersetzen können.

Doch in Bellikon war ausgerechnet in dieser Zeit kein Platz mehr frei, und Wisi sollte eine fünfte Woche im Unispital ausharren. Das passte ihm gar nicht. Er bestand darauf, die Übergangszeit auf eigene Verantwortung zu Hause zu verbringen. Die Ärzte warnten Angelika mehrmals eindringlich vor den möglichen Konsequenzen: »Ihr Mann könnte in ein tiefes Loch fallen.« Doch Zgraggens nahmen das Risiko auf sich. Mitte November kehrte Wisi vorübergehend auf den Bielenhof zurück.

Rehabilitation in Bellikon

Die vorübergehende Rückkehr auf den Bielenhof tat Wisi gut, war er doch endlich wieder in seiner vertrauten Umgebung. Andererseits machten ihm diese Tage in erschreckendem Maße deutlich, wie sehr der Unfall sein Leben verändert hatte. Alles war anstrengend und belastend. Er konnte zwar wieder gehen, doch kaum hatte er die paar Meter vom Haus zum Stall zurückgelegt, war er erschöpft. Überall sah er Arbeit, die verrichtet werden musste; ans Mithelfen war gleichwohl nicht zu denken. Dabei wollte er möglichst schnell wieder Teil des Betriebs werden.

Zu merken, dass seine Eltern in seiner Abwesenheit auch ohne ihn klargekommen waren, sei zwar erleichternd, aber auch kränkend gewesen. Er war froh, dass sie die Milchproduktion aufgeben wollten. Im Spital hatte er ständig Bilder vor Augen gehabt, die ihm zusetzten: Melkzeug, das man den Kühen von Hand an- und abhängen muss, Milchkannen, die von Hand getragen, und Tiere, die von Hand angebunden werden müssen. Ja, der Anbindestall gehörte ebenfalls der Vergangenheit an, sie brauchten definitiv einen Laufstall.

In jener Zeit, es war Mitte November 2002, trieben die Gerüchte in Uri und Umgebung wilde Blüten. So wurde herumgeboten, Wisis Arme seien gerettet worden. Dann hieß es, man

Mit seiner Prothese kann Wisi zwar keine Motorsäge mehr bedienen, aber Gegenstände packen und seinen Tieren das Fell kraulen. *(Foto: Gianni Pisano)*

1871 heiratete Wisis Ururgroßvater Josef Zgraggen Barbara Furrer und übernahm den abgelegenen Hof ihrer Eltern, die keinen Stammhalter hatten.

In der Zgraggenstube zieht ein großer, von Hand gemalter Familienstammbaum mit Wappen die Aufmerksamkeit auf sich.
(Foto: René Staubli)

Die erste und zweite Generation: Josef Zgraggen (geb. 1842, Vierter von links) mit seinem Sohn Josef (geb. 1872), dessen Frau Amanzia (Dritte von rechts) und ihren sechs Kindern.

Die dritte Generation: Alois Zgraggen (geb. 1912) mit seiner Frau Berta
und den acht Kindern (rechts neben Alois steht Wisis Vater).

Die vierte Generation: Alois (geb. 1945) mit Silvia, den vier Kindern
Heidi, Monika, Wisi und Silvia (v. l.) neben der Milchkuh Freidi
(Urner Dialekt für »Freu dich«).

Die fünfte Generation: Wisi (geb. 1977) mit Angelika und den vier Kindern Reto, Leonie, Ivan und Thomas (v. l.).

Alois ebnete das Land um den Hof ohne Bewilligung der Behörden mit seinem Occasionsbulldozer ein: »Diesen Hügel bringe ich jetzt so schnell zum Verschwinden, dass es kein Zurück mehr gibt.«

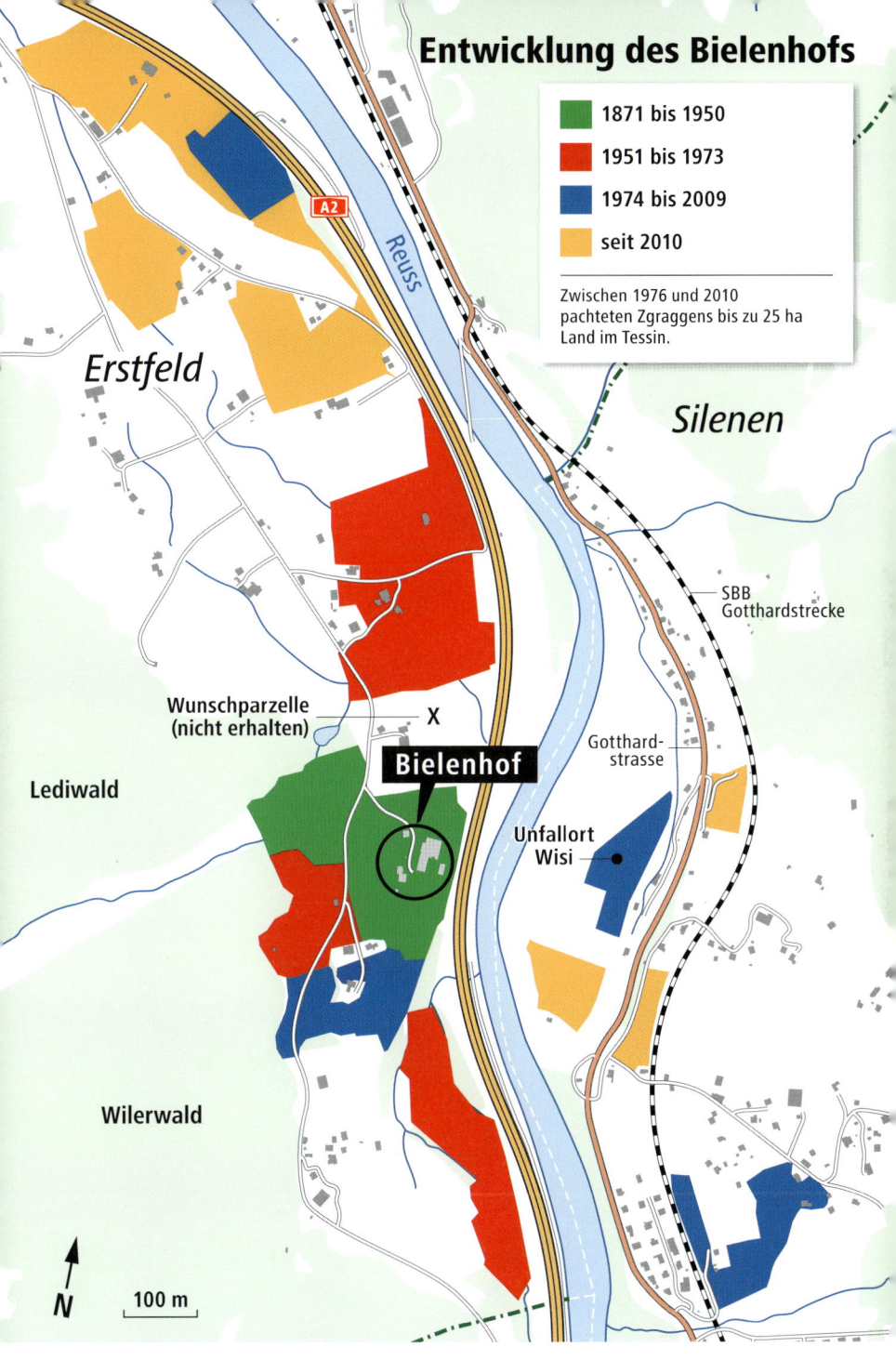

Entwicklung des Bielenhofs

- 1871 bis 1950
- 1951 bis 1973
- 1974 bis 2009
- seit 2010

Zwischen 1976 und 2010 pachteten Zgraggens bis zu 25 ha Land im Tessin.

Erstfeld

Silenen

Reuss

A2

SBB Gotthardstrecke

Wunschparzelle (nicht erhalten)   X

Bielenhof

Lediwald

Gotthard-strasse

Unfallort Wisi

Wilerwald

N   100 m

Alois und Wisi versuchen, Flächen in der Nähe des Bielenhofs zu pachten, um die Lücken im Flickenteppich der Parzellen zu schließen. (Grafik: Rich Weber)

Im frisch renovierten alten Bielenhof gab es eine separate Wohnung für
Alois und Silvia, als sie 1974 heirateten, sowie eine zweite für die Eltern.

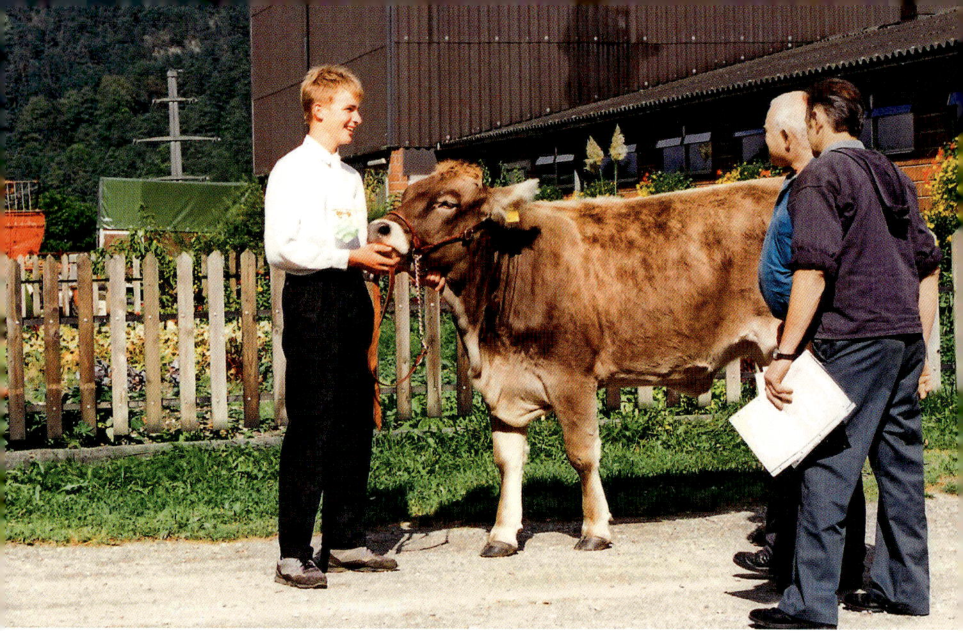

Wisi führte das Rind Nelli an mehreren Viehzüchter-Wettbewerben vor.
Er sagt: »Diese Erlebnisse waren die Highlights meiner Jugendzeit, etwas
Schöneres gab es fast nicht.«

Wisi und Angelika, umrahmt von Wisis Mutter Silvia und Angelikas
Vater Hans, heirateten im September 2000 in Erstfeld. Auf dem
Weg in die Jagdmattkapelle hörten sie im Autoradio Bon Jovis Hit
»It's My Life«.

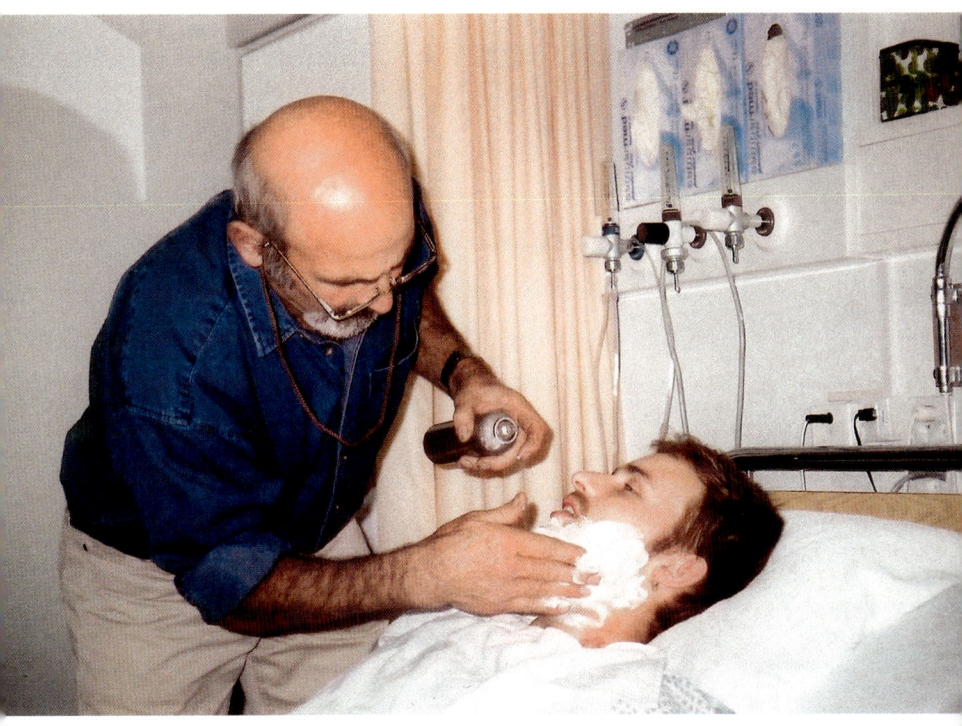

An einem einzigen Sonntag besuchten Wisi 37 Freunde, Verwandte und Bekannte im Spital. Thedi Herger, ein Onkel von Angelika, rasierte ihn.

Wisi kurz vor dem Unfall mit seinen Schwestern Silvia, Heidi und
Monika (v. l.): »Ich hatte große Hände, starke Arbeiterhände, ja,
riesige ›Pratzen‹ mit einer dicken Hornhaut von der täglichen Arbeit
mit Schaufeln und Heugabeln.« *(Foto: Foto Aschwanden)*

Angelika und Wisi.
(Foto: Foto Aschwanden)

Die Versteigerung vom 30. Dezember 2002 wurde zu einem Großerfolg. Zgraggens konnten alle Tiere verkaufen und gegen 300 000 Franken einnehmen.

Als Alois und Wisi auf ihrer Suche nach einer geeigneten Rasse im Internet auf die robusten Dexterkühe stießen, deren Widerristhöhe in der Regel nicht viel mehr als einen Meter beträgt, war ihr Interesse geweckt. *(Foto: René Staubli)*

Bei der Swissopen wickelte sich Wisi den Strick regelrecht elegant um seinen Armstumpf, ging auf die Knie und knuddelte das Stierkälbchen mit der Nasenspitze.

»Er war schon immer ein Visionär«, sagt Wisi über seinen Vater Alois,
»mutig und risikobereit und unglaublich leistungsorientiert.«

Jahrelang verkaufte Silvia auf dem Markt in Altdorf hofeigene Produkte wie Schnittblumen, Trockenfleisch, Würste, Konfitüre und Sirup. *(Fotos: René Staubli)*

Wisi und Angelika wollen keine faulen Kinder, die herumhängen. Ivan und Leonie helfen beim Heuen, machen zwischendurch aber auch Faxen.

Die Hebel, Schalter, Pedale und das Steuerrad des Traktors bedient Wisi mit den Füßen und dem Stumpf. »Bei längeren Arbeiten auf dem Feld muss ich ihn mit einem Schutz versehen, sonst bin ich am Abend wund.«

Wisis Sohn Thomas mit dem »Aebi« (vorn) und Wisi (hinten) mit Traktor
und Ladewagen beim Bewirtschaften ihres Landes.

Beim Heuen packt Angelika immer mit an. Sie hilft auch, die Tiere auf die Alp
zu bringen und sie wieder von dort abzuholen.
(Fotos: René Staubli)

Wisi ist überzeugt: »Es gibt keinen Grund, mich zu bemitleiden;
ich führe ein gutes Leben.«
(Foto: René Staubli)

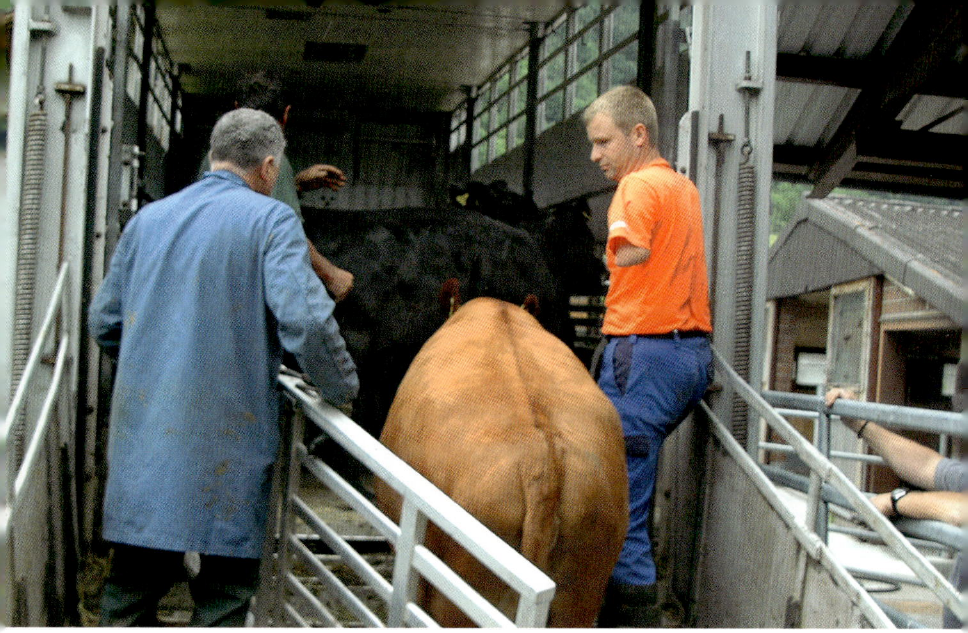

Die Kühe werden in einen Tiertransporter geladen, der sie in gut einstündiger Fahrt vom Bielenhof über den Klausenpass auf den Urnerboden bringt.

Wisi geht voraus, manchmal sogar im Laufschritt, Angelika macht den Schluss. Der Aufstieg auf die Alp Fiseten dauert rund zwei Stunden.

Auf dieser Höhe kann es bei einem Kälteeinbruch selbst im Sommer schneien. Diesmal liegt Nebel über der wilden Landschaft.

Endlich auf der Alp, wo das Vieh in den Genuss von exquisitem, besonders gesundem Futter kommt. Die Wiesen sind voller Kräuter.
(Fotos: René Staubli)

Im Winter ist es auf dem Bielenhof von außen gesehen ruhig. Dafür herrscht im Stall Hochbetrieb, wo zwischen November und Januar fünfzig bis sechzig Kälbchen zur Welt kommen.

Wenige Monate nach dem Unfall wollte Wisi schon wieder aufs
Snowboard. Angelika, im achten Monat schwanger, erschrak:
»Du spinnst! Wie soll ich dir in meinem Zustand aufhelfen, wenn
du umfällst?« Doch Wisi ließ sich nicht beirren.

habe ihm die Zehen amputiert und anstelle seiner zerquetschten Finger angenäht. Am Stammtisch war schnell auch die Rede vom Geld. Je später der Abend, umso horrender die ausbezahlte Versicherungssumme. Schließlich stand eine Million Franken im Raum.

Viele Kollegen und Nachbarn waren überzeugt, der Schicksalsschlag habe Zgraggens so hart getroffen, dass sie ihren Betrieb einstellen müssten. Dann munkelte man, Wisis Cousin aus Silenen werde den Hof übernehmen. Um den Spekulationen ein Ende zu machen, beschloss die Familie, die traditionelle Adventsausstellung auf dem Hof durchzuführen, obwohl seit dem Unfall erst dreißig Tage vergangen waren. Silvia band Kränze und präparierte Blumengestecke; ihre Mutter steuerte Weihnachtsgebäck, Konfitüre und Sirup bei. Als die Lokalzeitung um einen Termin für ein Gruppenbild mit Wisi bat, willigte die Familie ein, weil sie klarstellen wollte, dass es auf dem Bielenhof weiterging.

Um Missverständnissen vorzubeugen, suchte Alois das Gespräch mit den Eigentümern der gepachteten Parzellen. Er versicherte ihnen, dass sie das Land weiterhin benötigten. Tatsächlich wurde ihnen kein einziger Vertrag gekündigt. Wisi war froh, hatte sein Vater die drohende Gefahr so schnell erkannt und gehandelt. »Es gibt nichts Schlimmeres für einen Bauern, als sein Land zu verlieren. Denn ohne Land gibt es keine Zukunft.«

In der letzten Novemberwoche begann für Wisi die Rehabilitation im neunzig Kilometer entfernten Bellikon. Angelika besuchte ihn weiterhin regelmäßig. Über das Wochenende durfte er jeweils nach Hause. Trotzdem wurde ihm die Zeit lang. Anders als im Zürcher Universitätsspital, wo er die herzliche Art des Pflegepersonals und der Ärzte sehr geschätzt hatte, fühlte er sich in der Aargauer Klinik nie richtig wohl. Das Personal empfand er als distanziert, und mit den Patienten wurde er auch nicht richtig warm. Die meisten waren Ausländer und sprachen oft nicht einmal Deutsch, und wenn er Schweizer traf, spürte er schnell, dass man ihm, dem Urner Bauern, mit Vorbehalten begegnete.

Dass er ein Einzelzimmer hatte und für alltägliche Verrichtungen wie die Körperhygiene, den Gang aufs WC, das Schnäuzen der Nase oder das Essen ständig auf fremde Hilfe angewiesen war, isolierte ihn zusätzlich. So war er überglücklich, als er eines Tages mit einem Bauernsohn aus Seewis im Prättigau ins Gespräch kam. Endlich ein Mensch, der ähnlich dachte wie er und mit dem er sich auf Anhieb verstand.

Der junge Bauer hatte sich bei einem Unfall im Wald einen Nerv gequetscht und konnte den Arm nicht mehr bewegen. Als ihn die Therapeuten fragten, was er am liebsten wieder machen wollte, antwortete er: »Auf die Jagd gehen.« Sie forderten ihn auf, sich das Gewehr nach Bellikon bringen zu lassen. Dann übten sie mit ihm, bis er die Waffe halten und den Abzug betätigen konnte. Wie wichtig Wisi der Kontakt mit dem Bündner war, zeigt sich auch daran, dass er und Angelika ihrem zweiten Sohn seinen Namen gaben: Reto.

Dessen Geburt, die auf Mitte Februar 2003 erwartet wurde, war das Ereignis, das Wisi in Bellikon Kraft und Zuversicht gab. Auch wenn sich die Ärzte nicht festlegen wollten: Er hatte für sich entschieden, dass er spätestens am 14. Februar, dem Valentinstag, nach elf Wochen Reha auf den Bielenhof zurückkehren würde.

Bis dahin musste allerdings noch einiges passieren. Wisi bekam nach wie vor Unmengen an Schmerzmitteln, deren er bald überdrüssig wurde, weil sie ihm zwar Linderung verschafften, aber auch die Verdauung durcheinanderbrachten. Die Schmerzpflaster wollte er ebenfalls absetzen, weil er jeweils drei Tage nach der Applikation unter regelrechten Entzugserscheinungen litt. So verzichtete er zunächst an den Wochenenden auf seine Medikamente – und ging durch die Hölle. Angelika konnte den Anblick ihres von Schmerzen gepeinigten Mannes kaum ertragen. Sie war froh, dass er wenigstens gut schlafen konnte.

Wisi aber war zäh, und als er nach den Weihnachtsfeiertagen nach Bellikon zurückkehrte, war Schluss mit Pillen und Pflastern, auch wenn ihm nach wie vor alles wehtat. Ein anderer Patient, ursprünglich Forstwart, der bei einem Unfall ein Bein und einen Teil des Beckens verloren hatte, bot ihm zwecks Linderung Hanfkügelchen an. Wisi probierte zwei, drei, war aber von ihrer Wirkung enttäuscht. Er merkte, dass er die Phantomschmerzen dann am besten ertrug, wenn er abgelenkt war.

In der Therapie, die täglich acht Stunden dauerte, war das der Fall. Sie forderte viel von ihm, was Wisi recht war, denn er wollte Fortschritte machen und sowohl Kraft wie Kondition, aber auch seinen Gleichgewichtssinn verbessern. Er turnte, schwamm, stieg auf den Hometrainer und arbeitete mit Gewichten. Besonders gezielt trainierte er die ihm verbliebenen Muskeln im linken Oberarm. Diese würde er brauchen, um die Prothese optimal bedienen zu können.

Auf dieses Hilfsmittel setzte er seine ganze Hoffnung. Er konsultierte regelmäßig den Orthopäden, der ihm künstliche Arme mit zwei Gelenken und Plastikhänden anpasste. Als er sie endlich benutzen konnte, ging Wisi in die Ergotherapie. Er versuchte, Pingpong zu spielen, lernte, selbständig zu essen und Kleinigkeiten zu tragen. Bei einem Besuch in einem Restaurant entwickelte er den Ehrgeiz, selber ein Fläschchen Rivella zu öffnen und sich ein Glas einzuschenken. Er habe zwar die Hälfte auf den Tisch geleert, sei aber trotzdem zufrieden gewesen: »Es ging vorwärts.«

Ein wesentlicher Vorteil dieser Prothesen ist kosmetischer Natur: Auf den ersten Blick lassen sich deren Träger nicht von Menschen unterscheiden, die ihre Arme noch haben. Dem maß Wisi allerdings nur geringe Bedeutung bei. Was ihn mehr interessierte, waren Prothesen, die ihm zusätzliche Dienste auf dem Hof erweisen konnten. Einige Jahre später entschied er sich deshalb für ein Modell mit einem metallenen Greifer, das ästhetisch zwar deutlich abfällt und Leute, die zum ersten Mal damit konfrontiert sind, schockieren kann. Doch mithilfe des sogenannten Pinzettengriffs kann er seither etliche Verrichtungen, die feine, dosierte Bewegungen verlangen, selber ausführen, beispielsweise einen Reißverschluss öffnen. Diese Prothese eignet sich nur für seinen linken Arm, wo sie am Stumpf befestigt werden kann. Sie ermöglicht es Wisi, beim Aufbau der Zäune oder beim Abpacken von Fleisch mitzuhelfen. Er betont aber, dass es ihm wesentlich wohler sei ohne und er sie deshalb nur selten trage.

An einem Wochenende im Januar 2003 eröffnete er seiner Frau, dass er ausprobieren wolle, ob er noch Snowboard fahren könne. Angelika, im achten Monat schwanger, erschrak. »Du spinnst! Wie soll ich dir in meinem Zustand aufhelfen, wenn du umfällst?« Wisi ließ sich nicht beirren und bat seinen Schwager Andreas, mitzukommen.

Sie fuhren mit der Luftseilbahn auf 1800 Meter Höhe, Andreas trug Wisis Brett, fixierte ihm die Bindung, und los gings. Schon in der ersten Kurve landete er auf dem Hintern, war aber finster entschlossen, auch ohne Hände und mit dem Snowboard an den Füßen allein aufzustehen. Die Anstrengung muss gigantisch gewesen sein, war er doch im Nu schweißgebadet. Letztlich gelang ihm das schier Unmögliche: Er wälzte sich auf den Bauch, stützte sich mit dem Kopf im Schnee ab und kam so auf die Beine. »Dieses Erlebnis hat mir großen Auftrieb gegeben und mich darin bestärkt, mir weitere Etappenziele zu setzen.« Er wusste, dass ihn alles, was er nicht konnte, »fürchterlich nerven«, aber alles, was er wieder beherrschte, »extrem beflügeln würde«.

Dabei halfen ihm die Werke des amerikanischen Kommunikations- und Motivationstrainers Dale Carnegie. Dessen Weltbestseller »Sorge dich nicht – lebe!«, »Freu dich des Lebens!« und »Wie man Freunde gewinnt« standen auf dem Bielenhof seit dem Luzerner Seminar, das seine Eltern und seine Schwester Silvia vor Jahren besucht hatten, hoch im Kurs. Wisi wollte nicht zulassen, dass sich diese Krise in seinem Leben zu einem chronischen Leiden entwickelte. Jede Krise habe das Potenzial, zu einer Chance zu werden. Das entsprach voll und ganz den Vorstellungen von Alois, der sich stets am Morgen orientierte und das Gestern schnell ad acta legte.

Wisis Kampfgeist war beeindruckend. Als ihn der Psychiater in Bellikon zu einem Gespräch aufbot, um ihn nochmals vor den Risiken eines verzögert auftretenden psychischen Absturzes zu warnen, musste er nach kurzer Zeit einräumen, dass der Patient einen absolut stabilen Eindruck auf ihn mache. So entließ er ihn, rechtzeitig zum Valentinstag, mit den Worten: »Ich kann Ihnen nicht helfen, Herr Zgraggen, Sie haben sich schon selber geholfen.«

Doch nicht alles verlief so reibungslos. So scheiterte Wisi mit seinem Versuch, schon im Winter 2003 einen halben Tag pro Woche zur Schule zu gehen und seinen Abschluss als Meisterlandwirt zu machen. Er erlebte einen der seltenen Momente nach dem Unfall, die ihn weinen ließen. »Es war zu früh! Ich musste erst mit mir ins Reine kommen.«

Ins Reine kommen? Wisi nickt und erklärt, was er damit meint. Er trage eine gewisse Schuld an seinem Unfall – »es war mein Fehler, dass ich den Motor des Traktors aus Bequemlichkeit nicht abgestellt habe. Wäre er nicht gelaufen, wäre mir wahrscheinlich nichts passiert.« Er habe eine Art großer Beichte sich selber gegenüber ablegen und sich sein Versagen eingestehen und verzeihen müssen. Letztlich müssten er, aber auch seine Angehörigen, mit dem Geschehenen weiterleben. Das heiße aber auch, dass er es sich selbst und seiner Familie schuldig sei, jeden Tag alles daranzusetzen, ein möglichst normales Leben zu führen.

In dieser Absicht wurde er bestärkt, als am 20. Februar der kleine Reto zur Welt kam. Es sei ein Riesenglück für ihn gewesen, dass Angelika zum Zeitpunkt des Unfalls schwanger gewesen sei und sie bereits vier Monate später so etwas Wunderbares wie die Geburt eines zweiten gesunden Kindes erleben durften.

Nach der anfänglichen Euphorie trat allerdings eine gewisse Ernüchterung ein. Zunächst war Angelika den Veränderungen, die mit Wisis Unfall einhergingen, mit großer Gelassenheit begegnet. »Ich schickte mich drein und dachte: Jetzt ist da halt noch einer mehr, den ich anziehen und füttern muss. Zukunftsangst hatte ich auf jeden Fall keine.« Doch die Betreuung eines Säuglings, der Nacht für Nacht schrie und herumgetragen werden musste, forderte ihren Tribut. Die damals 28-Jährige kam wiederholt an ihre körperlichen Grenzen und wurde dünnhäutiger.

In solchen Momenten stand ihr die Tatsache, dass ihr Mann nie wieder Hände haben würde, wie ein Schreckensbild vor Augen. »Ich realisierte plötzlich, dass ich ein Leben lang damit klarkommen musste und auf vieles würde verzichten müssen.«

Nie wieder würde Wisi sie in die Arme nehmen, nie wieder würden sie händchenhaltend spazieren gehen. Immer würde er auf sie angewiesen sein, wenn er auf die Toilette musste. Angelika ängstigte die Vorstellung, sie müsste ihrem behinderten Mann stets mit Geduld und Nachsicht begegnen; alles andere, dachte sie damals, würde sie mit einem schlechten Gewissen bezahlen. Erst mit der Zeit gestand sie sich das Recht zu, nicht immer freundlich wie eine Krankenschwester zu sein, sondern – wie alle anderen Leute – auch einmal ungehalten reagieren zu dürfen und ihn warten zu lassen.

Viele Bekannte und Freunde machten sich damals Gedanken, ob die Beziehung des jungen Paares den Belastungen standhalten werde. Mehr als einmal hörte Angelika den Satz, dass jedermann Verständnis hätte, wenn sie sich von ihrem Mann trennen würde. Sie erwiderte stets: »Aber ich habe Wisi, Behinderung hin oder her, doch immer noch gern.«

Wie weiter auf dem Hof?

Auch Wisis Eltern standen nach dem Unfall vor einer großen Herausforderung. Der Entschluss, keine Milchkühe mehr zu halten, war zwar schnell gefasst. Doch nun musste der Betrieb vollständig umgekrempelt werden. Alois überließ das Milchkontingent, sein Lieferrecht für 116000 Liter pro Jahr, seinem Schwager und seinem Schwiegersohn zu einem familiären Vorzugspreis. Dann ging er daran, alle 66 Tiere – Kühe, Rinder und Kälber – zu verkaufen.

Er beschloss, auf dem Bielenhof eine Auktion durchzuführen. Als Termin wählte er den 30. Dezember 2002, weil er wusste, dass die Bauern um Weihnachten herum ihre Direktzahlungen erhalten und in dieser Zeit am ehesten Gelegenheit haben, ihren Hof für einen Tag zu verlassen. Er drückte auch deshalb aufs Tempo, weil er den Arbeitsanfall auf dem Bielenhof möglichst schnell reduzieren und sich Freiräume verschaffen wollte, in denen er über die Planung ihrer beruflichen Zukunft nachdenken und notwendige Nachforschungen anstellen konnte. Wie sie den Betrieb ausrichten wollten, war damals noch unklar.

Bei der Vorbereitung der Versteigerung war zunächst Diskretion erforderlich. Erst nachdem Alois mit allen Eigentümern ihrer Pachtparzellen gesprochen und die Verträge auf sicher hatte, machte er den Anlass bekannt. Wäre vorher durchgesickert, dass Zgraggens alle Tiere verkaufen, hätten sie möglicherweise einen Teil ihrer Wiesen verloren.

Nachdem diese Gefahr gebannt war, legte Alois los. Noch im November ließ er in siebenhundertfacher Auflage einen Katalog drucken, in dem sämtliche Tiere mit Angaben zu Alter, Abstammung, Milchleistung, Gewicht und einer Expertenbeurteilung aufgeführt waren. Als er in der Zeitschrift »Braunvieh«, die an 20 000 Adressaten geht, ein Inserat für die Auktion platzierte, das 700 Franken gekostet hätte, erließ man ihm den Betrag, nicht zuletzt aus Mitgefühl. Der Veranstaltungshinweis, den er in der »Bauernzeitung« publizierte, löste eine Welle der Hilfsbereitschaft aus. Am 30. Dezember standen auf dem Bielenhof fünfzig Freiwillige im Einsatz, darunter viele Jungzüchter.

Was Alois stresste, war die Ungewissheit, ob das Wetter mitspielen würde. Er wollte die Versteigerung zwar am liebsten auf dem Bielenhof durchführen, musste aber auch eine Alternative für den Fall suchen, dass es schneite. Die Vermarktungsgenossenschaft Vianco bot ihm diese an, besitzt sie doch in der Nähe von Beromünster einen Auktionsstall.

Als der Termin näher rückte, herrschte bei Zgraggens emsige Betriebsamkeit. Mutter Silvia erinnert sich gut, wie sie und ihre Tochter Monika nochmals alle Tiere abduschten und die Schwänze mit einer speziellen Seifenlauge wuschen, damit sie »schön buschig« aussahen. Sie denkt mit Wehmut an jene Wintertage zurück, an denen sie mehr als einmal beobachtete, wie ihr Mann abends nochmals in den Stall ging, um sich von seinen Tieren zu verabschieden, und wie er mit Tränen in den Augen zurückkam. »Der Verkauf seiner Herde hat ihm schier das Herz gebrochen«, erzählt sie, »auch wenn er wusste, dass der Entscheid richtig war.«

Als sich gutes Wetter abzeichnete, errichtete Alois mitten auf dem Hofplatz eine große Holzbühne, auf der man die Tiere einzeln präsentieren konnte. Die Zgraggenstube diente als Wirtschaft, im Stall und in der Remise stellte er zusätzliche Tische und Bänke auf. Auf dem Menüplan stand ein Rindsragout, das ein Kollege in zwei riesigen Armeetöpfen zubereitete. Das Fleisch stammte von einem ihrer Tiere; es musste geschlachtet werden, weil es sich bei einem Unfall verletzt hatte.

Am Montag, dem großen Tag, schien die Sonne und verlieh dem Anlass einen freundlichen Anstrich. Alois hatte zwei Mitarbeiter seiner Bank gebeten, bei der Auktion dabei zu sein, weil er wusste, dass viele Bauern bar zahlen und folglich Tausende von Franken die Hand wechseln würden. Die beiden waren denn auch den ganzen Tag damit beschäftigt, dicke Notenbündel in ihre Filiale zu schaffen. Der Gantrufer, der auf Provisionsbasis arbeitete, war pünktlich vor Ort und eröffnete die Versteigerung um zehn Uhr. Alois stellte jedes einzelne Tier selber vor. Mit dem Mikrofon in der Hand schilderte er dessen Herkunft, Geschichte und pries seine Vorzüge an. Er war sich bewusst, dass dieser Tag für ihn ein ganz besonderer mit starken Gefühlen sein würde. Er war deshalb froh, dass der Urner Regierungsrat Isidor Baumann, der Verantwortliche für die Landwirtschaft, unter den Besuchern weilte und das Zepter hätte übernehmen können, wenn Alois von Emotionen übermannt worden wäre.

So weit kam es aber nicht. Er war den ganzen Tag dermaßen beschäftigt, dass er gar keine Zeit zum Traurigsein hatte. Die Versteigerung wurde zu einem Großerfolg. Es kamen mindestens 2000 Besucher, die Wiesen rings um den Hof waren überstellt mit Autos und Viehtransportern. Zgraggens konnten alle Tiere verkaufen und gegen 300 000 Franken einnehmen. Silvia wirkte im Hintergrund und stellte den neuen Besitzern die Begleit-dokumente aus.

Angelika, Wisi und seine Schwestern waren an diesem schick-salsschweren Tag ebenfalls auf dem Hof. Heidi bekommt heute noch feuchte Augen, wenn sie daran denkt, wie aufgeladen die Stimmung war. Viele Leute seien von weit her angereist, nicht etwa um ein Tier zu ersteigern, sondern um Wisi zu sehen. »Sie konnten es einfach nicht fassen, dass ein junger Bauer beide Arme verliert und trotzdem seinen Hof weiterführen will.« Auch Mutter Silvia machte erstmals die Erfahrung, »dass gewisse Besu-cher nur deshalb auf den Bielenhof kommen, um den Bauern ohne Arme zu sehen«. Sie hätten aber auch sehr viele anteilneh-mende Reaktionen erlebt. Der Gantrufer, ein erfahrener Berufs-mann, sagte später, die Zgraggen-Auktion sei der speziellste An-lass gewesen, den er je geleitet habe.

Zum Schluss wünschte Alois allen Käufern viel Glück und sei-nen Tieren eine Umgebung, in der es ihnen gut gehe. »Ich hoffe, dass auch unser Hof sich weiterentwickelt und eine Zukunft hat, sodass wir uns alle bald wiedersehen werden.« Er war sich be-wusst, dass damals viele dachten: »Das ist das Ende des Bielen-hofs.« Dabei sei es bloß eine Veränderung, »eine weitere Verzwei-gung auf unserer Lebensreise« gewesen.

An jenem Abend holten aber auch Alois die Gefühle ein. Als allmählich Ruhe einkehrte und »der Stress des verrückten Tages« abebbte, nahm er plötzlich wahr, dass sein Stall leer war, abgese-hen von zwei, drei Tieren, die ihre neuen Besitzer später abholen wollten. Silvia spürte, wie tief der Verlust ihren Mann traf, diesen leidenschaftlichen Züchter, der nicht nur seine Herde hatte gehen lassen müssen, sondern auch all seine Visionen und Zukunfts-vorstellungen.

Noch heute fällt es Alois nicht leicht, über die Versteigerung zu sprechen. Einem Bauer wachse jedes Tier ans Herz, erklärt er, er habe stets alle Daten im Kopf und wisse jede Beurteilung auswendig. Als Züchter mache man ständig Pläne, welches Tier mit welchem gepaart werden könnte. All das sei für ihn am 30. Dezember 2002 zusammengebrochen, und es habe nicht viel gefehlt, und er hätte zu heulen begonnen. Aber er habe gewusst: »Die Versteigerung muss sein! Die Milchproduktion weiterzuführen, hätte uns kaputtgemacht, zumal der Milchpreis seit Jahren rückläufig war. Und zusätzliche Personalkosten wären für uns ruinös gewesen.«

Im Januar fuhren er und Silvia für ein paar Tage zum Skifahren ins Wallis. Den Luxus von Ferien hatten sie sich früher nie gegönnt: Sie hatten weder Geld noch Zeit noch den Wunsch gehabt, ihren Hof zu verlassen. Jetzt hatten sie keine Tiere mehr, dafür aber das dringende Bedürfnis, sich zu erholen und ein wenig Abstand zu gewinnen. Doch kaum kamen sie auf einem Spaziergang oder in einem Restaurant mit jemandem ins Gespräch, landeten sie beim Junior und dessen Schicksal. Alois sagt, Wisis optimistische Grundhaltung sei ein Riesenglück im Unglück gewesen. Er selber habe lange an den Folgen des Unfalls zu beißen gehabt und unter Albträumen gelitten. Seine Frau nickt. Alois sei seither ängstlicher und vorsichtiger geworden.

Nun stellte sich die Frage nach der künftigen Ausrichtung des Betriebs. Nach der Rückkehr aus dem Urlaub begann Alois, zu recherchieren und allerlei Ideen auszuhecken. Er hatte gehört, dass Alpakas, eine südamerikanische Kamelart, robust und pflegeleicht seien. Also besuchte er einen Landwirt, der solche Tiere hält, und staunte, wie geschickt sie sich auf steilen Hängen bewegten. Interessanterweise sprach sich sofort herum, dass er an der Rasse interessiert sei, und so rief ihn ein Berner Züchter an und fragte, ob er mit ihm nach England fahren wolle, er besuche dort verschiedene Alpakafarmen. Seine Neugier war sofort geweckt. Er bat seine Tochter Silvia, die Englisch spricht, ihn zu begleiten. Alois unterhielt sich auf der Insel mit vielen Züchtern über Preise, Haltung und Nutzen der in der Schweiz seltenen Art. »In meiner Situation musste ich offen sein für alles.«

Zu Hause ging Alois über die Bücher. Er kam zum Schluss, dass er zu wenig Umsatz beziehungsweise Gewinn mit Tieren erzielen konnte, die 5000 Franken das Stück kosteten, deren Fleisch aber nicht besonders bekömmlich ist und mit deren Wolle auch nicht genug zu verdienen war. Schließlich lautete sein Fazit: »Hände weg von den Alpakas!«

Als Nächstes erwog er, auf den großen Weiden Truten zu mästen oder Damhirsche grasen zu lassen. Sorgfältige Abklärungen ließen ihn allerdings auch von diesen Ideen schnell wieder Abstand nehmen. Alois überlegte und sondierte weiter. Weil er aus eigener Erfahrung wusste, wie ansprechbar die Leute auf Neues, Ungewohntes reagieren, tüftelte er eine Zeit lang an »Marketing-Gags« herum, die Besucher anlocken würden. Eines Tages rief er den Direktor des Zürcher Zoos an und erkundigte sich, ob man auf einem Hof eine Giraffe oder einen Gorilla als Attraktion halten könne. Er habe diese Anfrage durchaus ernst gemeint, beteuert er, und sie mit der Hoffnung verknüpft, »dass die Leute den Spinner sehen wollten, der im Kanton Uri exotische Tiere hält«. Als der Zoodirektor davon abriet, beerdigte Alois auch diese Idee.

Weil die Familie dringend ein Zwischeneinkommen brauchte und Alois Erfahrung mit der Kälbermast hatte, entschied er sich in Absprache mit Wisi für diese hochintensive Fleischproduktion.

Einem Kollegen kaufte er einen Kleinbagger ab und riss damit im Stall alle Anbindevorrichtungen und Futterkrippen heraus. Er erwarb 200 Kälber, mietete einen Futterautomaten, an dem sich die Tiere selber verköstigen konnten, und kaufte Molkerei-Abfallprodukte, die sogenannte Schotte, die er mit Milchpulver und Getreide anreicherte. Damit mästete er die Kälber, bis sie schwer genug waren und geschlachtet werden konnten. Es war klar, dass dies nur eine Überbrückungsmaßnahme sein konnte. Schließlich verfügten sie auf ihren Wiesen über Unmengen von Gras, das sie für die Kälbermast nicht verwenden konnten.

Da war der Anruf eines Viehhändlers hochwillkommen. Er wusste, dass Alois keine Herde mehr hatte, und bot ihm dreißig Mutterkühe an, die er auf einem Thurgauer Hof erworben hatte, dessen Besitzer gestorben war. Er sei mit den Tieren auf der Heimreise und könne einen Abstecher nach Erstfeld machen. Alois willigte ein. Er dachte an ihre Heuvorräte, die übrig geblieben waren, weil sie mitten im Winter die eigenen Tiere versteigert hatten. Zehn Kühe nahm er dem Händler ab, allesamt wilde Tiere, die sich fast nicht bändigen ließen, wie sich herausstellen sollte. Alois war hin- und hergerissen. Einerseits fürchtete er, dass es zu Unfällen kommen könnte, andererseits wollte er trächtige Kühe, um Kälber aufzuziehen. Weil aus Kostengründen nicht an künstliches Besamen zu denken war, kaufte er einen mehr als tausend Kilogramm schweren Stier, um die Natur wirken zu lassen. Später ließ er ihn metzgen und zu Trockenfleisch verarbeiten, die Kühe und Kälber verkaufte er einem Viehhändler. Die Familie war froh, als sie dieses wilde Kapitel abschließen konnte.

Inzwischen hatte sich Wisi einigermaßen erholt und war motiviert, den Betrieb auf eine neue Grundlage zu stellen. Mit Alois war er sich einig, dass die Fleischwirtschaft ihren Bedürfnissen am ehesten entsprach. Sie mussten nicht mehr melken, konnten ihre Wiesen aber weiterhin nutzen und mit der Zucht beziehungsweise dem Verkauf von Fleisch so viel Geld verdienen, dass sie ein Auskommen hatten.

Auf der Suche nach einer geeigneten Rasse durchforsteten sie das Internet. Als sie auf die robusten, kleinrahmigen Dexterkühe stießen, deren Widerristhöhe in der Regel nicht viel mehr als einen Meter beträgt, war ihr Interesse geweckt. In verschiedenen Fachpublikationen hieß es, man könne die widerstandsfähigen, geländegängigen Tiere sogar ganzjährig im Freien lassen. Dazu sei das Fleisch dieser irischen Rasse dank seinen feinen Fasern kompakt und schmackhaft. Wisi war zuversichtlich, mit den hübsch anzusehenden »Minikühen« gut zurechtzukommen.

Am 10. Mai 2003 kauften sie bei einem Züchter im Zürcher Oberland dreizehn Tiere zu einem relativ günstigen Preis, denn es fehlten einige Herkunftsbelege, beispielsweise der Eintrag im Herdenbuch. Die ersten Erfahrungen mit der neuen Rasse überzeugten Zgraggens und motivierten sie, eine eigene, hochwertige Dexterherde aufzubauen. Sie machten eine Handvoll Schweizer Züchter ausfindig und statteten ihnen Besuche ab. Gleichzeitig erfuhren sie von drei privaten Importeuren, die attraktive Tiere aus Norddeutschland und Dänemark anboten. Allerdings mussten sie vierzehn Tage in Quarantäne, bevor sie zur Herde stoßen durften.

Nach Rücksprache mit ihrem Tierarzt beschlossen Alois und Wisi, auch diesen Kanal zu nutzen. So kamen sie zum Dexterstier mit dem Namen Randers, einem prächtigen Exemplar aus Lübeck, der stolze zehn Jahre alt wurde. Vater und Sohn verfolgten ehrgeizige Pläne und vergrößerten ihren Viehbestand laufend.

Damals zahlten sie bis zu 5800 Franken für eine trächtige,

noch nicht zweijährige Kuh. Das war ein hoher Preis, der nahelegte, dass sich die Zucht lohnte. Innerhalb kurzer Zeit gelang es ihnen, zwanzig Tiere für durchschnittlich 5000 Franken zu verkaufen. Der finanzielle Druck ließ ein wenig nach, und Vater und Sohn begannen Ausbaupläne zu schmieden. Sie wollten die Stalllandschaft mit der Futterachse deutlich vergrößern und einen offenen Freilaufstall mit integriertem Auslauf schaffen, den die Tiere Tag und Nacht nutzen konnten. Auf diese Art wären die Kühe dem Außenklima mit seiner gesunden Bergluft ausgesetzt und trotzdem vor Durchzug und Wind geschützt.

Um sich als Dexterzüchter einen Namen zu machen, brauchten sie mehr öffentliche Aufmerksamkeit. 2004 präsentierten sie deshalb an der Luga, der großen Publikumsmesse auf der Luzerner Allmend, zwei ihrer schönsten Tiere. Im selben Jahr nahmen sie auch am zehntägigen Weidefest »Beef« auf dem Zürcher Pfannenstiel teil und stellten in einer Wettbewerbskategorie den Vizechampion. Das war ein besonderer Erfolg, wurde dieser Anlass doch von mehr als 100 000 Menschen besucht, darunter Landwirte, Züchter und Viehhändler.

Inzwischen arbeitete Wisi wieder voll auf dem Hof. Es wurde klar, welche Tätigkeiten er trotz seiner Behinderung ausüben konnte, aber auch, wo ihm Grenzen gesetzt waren. Er konnte beispielsweise keine Schubkarren stoßen und keine Arbeiten mit Besen, Heu- oder Mistgabel verrichten.

Kurz vor seinem Unfall hatte er glücklicherweise eine Versicherung gegen Vollinvalidität abgeschlossen, dank der ihm nun eine monatliche Rente von gut tausend Franken zusteht. Die Krankenkasse zahlte ihm eine einmalige Integritätsentschädigung von 175 000 Franken aus. Diesen Betrag hatte er zugute, weil sie ihn als »350 Prozent invalid« einstufte, was der maximalen Beeinträchtigung entspricht. Einen Teil des Geldes überließ er seinem Vater, der es in den Aufbau der neuen Herde investierte; mit dem anderen kaufte er einen VW Passat und einen Occasionshoflader der Marke Schäffer.

Ein Kollege rüstete ihm das vierrädrige Gefährt für rund 12 000 Franken so um, dass er es mit den Füßen steuern und mit dem Armstumpf einen Joystick bedienen konnte. Vor allem dank diesem Mehrzweckgerät habe er nach dem Unfall wieder aktiv mitarbeiten können. »Der Schäffer ist mein Hebefahrzeug, meine Mist- und Heugabel, meine Schubkarre, mein Siloballenwickler und meine Leichtgutschaufel in einem.« Zusätzlich ließ Alois auf dem ganzen Hof geeignete Stromschalter montieren.

Alois hatte wieder Freude an seinem Beruf bekommen. Seine Leidenschaft für die Viehzucht erwachte neu, und er vertiefte sich in die Fachliteratur. Anfänglich liebäugelte er noch mit der Idee, die Tiere mit einer anderen Rasse zu kreuzen, nahm aber davon Abstand, weil er befürchtete, bis zur Marktreife zu viel Zeit zu verlieren. Doch der Wunsch nach Optimierung ließ ihn nicht los. Er träumte von einer Herde, deren Wirtschaftlichkeit dank höherem Fleischertrag größer wurde. Im Internet verfolgte er die internationalen Trends, las alles über deutsche, englische und amerikanische Dexterzüchter und reiste ins Tirol, nach München, Osnabrück und nach Italien, um sich bei Betriebsbesichtigungen, Tierausstellungen und landwirtschaftlichen Messen ein Bild von den Tieren zu machen, die er für die eigene Zucht in Betracht zog. Er sei sich manchmal wie ein Fußballtrainer vorgekommen, der sich eine gute Mannschaft zusammenstellt.

Einen besonders verwegenen Wunsch schlug ihm Wisi allerdings aus. Alois hatte bei einem Besuch in den USA eine Farm mit den schönsten Dexterkühen entdeckt, die er je gesehen hatte.

Für 10000 Franken hätte er beim Züchter Embryonen kaufen können, um sie seinen Kühen einzupflanzen. Wisi war das Experiment zu teuer, aber auch zu unsicher, weil niemand voraussagen kann, ob eine Kuh auf diesem Weg wirklich trächtig wird und neuneinhalb Monate später ein gesundes Kalb wirft.

Auch wenn sie diese Chance nicht nutzten, sei es ihnen dank ausgeklügelter Selektion gelungen, eine qualitativ hochstehende Herde zu formen, sagt Alois. Die Fleischmenge pro Tier sei deutlich größer geworden, weil nur diejenigen vermehrt würden, die »schön zunehmen«. An der Wirtschaftlichkeit sei »nichts auszusetzen«.

Leben ohne Hände

Das erste Jahr nach dem Unfall war für Wisi eine Zeit der Veränderung, die oft mit starken Emotionen verbunden war. Zunächst kam Reto auf die Welt, der ihm Zuversicht und neuen Lebensmut schenkte. Bei der Umstellung des Betriebs wechselten sich Freude, Zweifel und Unsicherheit ab. Würde er den vielfältigen Herausforderungen gewachsen sein und den bäuerlichen Alltag bewältigen können?

Den VW Passat ließ er vom Paraplegikerzentrum in Nottwil mit einer Fußlenkung versehen, einer Scheibe, die er mit dem linken Fuß dreht, während er mit dem rechten Gas gibt und bremst. Als das Auto nach einem halben Jahr fertig war, nahm er Fahrstunden, um sich mit der Technik vertraut zu machen. Er musste alle Reaktionen in den Fuß verlegen, seine Prothesen nützten ihm in dieser Situation nichts. Die Umstellung fiel ihm erstaunlich leicht. Schon nach drei Wochen bestand er die praktische Prüfung. Nun war er wieder mobil und unabhängig.

Noch am selben Tag machte er seine erste Ausfahrt und besuchte seine Schwester Heidi, die mit ihrer Familie auf dem Steinerberg im Kanton Schwyz lebt. Die wiedergewonnene Selbständigkeit beflügelte ihn. »Ich fühlte mich großartig.« Doch kaum hatte er sich von Heidi verabschiedet und sein Auto um eine scharfe Kurve gesteuert, krachte ihm ein entgegenkommender Renault Clio in die Fahrerseite.

Als die Polizei eintraf, legte Wisi sofort offen, dass er seinen Führerschein erst seit wenigen Stunden besitze. Der fehlbare Lenker rechnete sich Chancen aus, unbehelligt davonzukommen, als er realisierte, dass der andere keine Arme hatte. Doch die Situation muss eindeutig gewesen sein. »Es ist noch mal glimpflich abgelaufen«, grinst Wisi. Geärgert habe ihn bloß, dass er seinen VW zur Reparatur in die Garage bringen musste.

Andere Veränderungen, die ihm seine Behinderung aufzwang, gingen ihm stärker unter die Haut und erforderten eine längere Anpassungszeit. So musste er zuerst herausfinden, wie er sein Baby herumtragen konnte: Er packte es wie eine Tigermutter mit den Zähnen an seinem Strampelanzug, legte es sich an die linke Schulter und hielt es mit dem Armstumpf fest. Als er Reto erstmals so aufhob, erschrak Angelika fast zu Tode. Doch Wisi, inzwischen sicherer und selbstbewusster geworden, beharrte auf seinem Recht: »Das ist auch mein Kind, Angie.« Mit der Zeit wuchs ihr Vertrauen, und sie ließ ihn gewähren. Sie hatte ja längst festgestellt, dass sich ihr Mann so wenig wie möglich einschränken lassen wollte, sondern immer vorwärtsschaute und nach Lösungen suchte.

Unvergesslich ist für sie die Besteigung des Bristen, des 3073 Meter hohen Hausbergs der Urner, dessen Gipfel nur über einen schmalen Grat zu erreichen ist. Es war August im Hitzesommer 2003, zehn Monate nach seinem Unfall, und Wisi wollte auf den Berg, gehauen oder gestochen. »Ich war versessen darauf, mir zu beweisen, dass ich auch ohne Arme in der Lage bin, eine solche Leistung zu erbringen.«

Seine Angehörigen realisierten schnell, dass er sich nicht davon würde abhalten lassen. Also wollten sie zumindest alles vorkehren, um das Risiko in Grenzen zu halten. Zwei Wochen vor der geplanten Tour rekognoszierte Wisis Schwager Peter mit dessen Vater Kari die gesamte Strecke – mit den Händen in den Hosentaschen. Sie kamen zwar heil zurück, hatten aber ihre Hosentaschen inwendig zerrissen, weil sie bei steilen Passagen wenigstens an ihnen Halt zu finden versuchten.

Wisi fühlte sich bestätigt. »Nichts wie los!« Gemeinsam mit Angelika, seiner Mutter, seinen Schwestern Silvia und Monika und deren Mann wanderten sie an einem schönen, warmen Abend von der Etzlialp zum Bristensee auf 2097 Meter Höhe, wo sie unter freiem Himmel übernachteten. Anderentags brachen sie frühmorgens um sechs Uhr auf und erreichten drei Stunden später den Gipfel. Der Rot Bristen, die Schlüsselstelle auf dem Grat, sei wirklich schwierig gewesen, räumt Wisi ein. Die beidseits steil abfallenden Felswände hätten ihn zu einem waghalsigen Sprung gezwungen. Immerhin sicherte ihn sein Schwager mit einem Seil.

Auf dem Gipfel erfasste Wisi eine regelrechte Euphorie. Als er sah, dass Angelika weinte, glaubte er einen Moment lang, ihre Tränen seien Ausdruck der Freude. In Wirklichkeit war sie emotional völlig erschöpft, denn anders als Wisi, der nur den Gipfelsturm im Blick gehabt hatte, war ihr immer bewusst gewesen, dass ihnen die wahre Prüfung noch bevorstand: der Abstieg. »Jetzt spürte ich eine gewisse Angst«, erinnert er sich, »und entschied mich für eine Route, die zwar etwas exponierter war, sich aber leichter bewältigen ließ.« Er blieb angeseilt und kam letztlich unbeschadet im Tal an. Das Gefühl, diese Herausforderung gemeistert zu haben, sei überwältigend gewesen. »Ich war sehr glücklich.«

Mit ebenso großem Elan machte er sich daran, die Prüfung zum Meisterlandwirt abzulegen. Nachdem ihn dieses Unterfangen kurz nach der Rückkehr aus der Rehabilitation noch überfordert hatte, nahm er im Herbst 2004 einen zweiten Anlauf. Er wurde einer neuen Klasse zugeteilt, mit der er einmal wöchentlich die Schule abwechselnd in Seedorf, Stans, Giswil und Pfäffikon SZ besuchte. Seine Kollegen nahmen ihn gut auf; er fühlte sich von ihnen akzeptiert.

Einzig der Gang auf die Toilette war für ihn eine Belastung, mit der er nur schlecht fertigwurde. Er hatte zwar seine Verdauung so gut unter Kontrolle, dass er sein großes Geschäft noch früh am Morgen zu Hause erledigen konnte, aber fürs kleine brauchte er jemanden, der ihn auf die Toilette begleitete, ihm den Hosenladen öffnete, die Hose herunterzog, wartete und dann alles wieder in Ordnung brachte. Um diese schambesetzte Situation zu vermeiden, trank er an den Schultagen fast nichts. Trotzdem konnte es passieren, dass er schon vormittags hätte austreten müssen und sich trotzdem zwang, bis zum Abend auszuharren. Wurde seine Not zu groß, musste er einen Kollegen fragen. Wisi seufzt: »Das war ein Riesenstress.« Noch heute falle es ihm schwer, einen fremden Menschen um diesen Dienst zu bitten. Aber auch daheim warte er manchmal eine zusätzliche Stunde – einerseits, um seine Blase zu trainieren, und andererseits, um Angelika nicht ständig zur Last zu fallen.

Mit der Zeit entwickelte er Strategien, um sich das Leben zu erleichtern. Wenn er unterwegs ist und Pflegepersonal aus Spitälern oder Heimen ausmachen kann, wendet er sich gezielt an diese Leute, weil er weiß, dass sie über berufliche Erfahrung in diesem sensiblen Bereich verfügen. Als er nach einem Vortrag abends allein nach Hause fuhr und merkte, dass seine Verdauung Druck machte, fuhr er zum nächstgelegenen Altersheim und bat um Hilfe. Seine Hemmschwelle überwindet er leichter, wenn er von einem Gegenüber weiß, dass es Kinder hat und daran gewöhnt ist, diesen beim Gang auf die Toilette beizustehen.

Abgesehen davon war es Wisi wichtig, dass er die Schule selbständig und unter denselben Bedingungen wie seine Kollegen durchziehen konnte. Die mündlichen Prüfungen in Agrarpolitik und Versicherungswesen und die schriftliche Hausarbeit in Marketing – Angelika tippte sie in den Computer – fielen ihm ausgesprochen leicht. Dass er einen Businessplan zur Direktvermarktung von Dexterfleisch erstellen konnte, motivierte ihn zusätzlich.

Die schriftliche Abschlussprüfung in Betriebswirtschaftslehre forderte ihm dann aber alles ab. Er bekam von der Schulleitung die Erlaubnis, eine »fachfremde Schreibhilfe« mitzubringen, die für ihn tippen, ihm aber keine inhaltlichen Vorteile verschaffen durfte. Er entschied sich natürlich für Angelika. Für die Arbeit wurden ihm vier statt dreieinhalb Stunden Zeit eingeräumt, schließlich war es aufwendiger, die komplexen Antworten zu diktieren, als selber in die Tasten zu greifen. Auf die Benutzung der Unterrichtsunterlagen verzichtete er, weil es zu kompliziert geworden wäre, wenn Angelika irgendwelche Angaben hätte nachschlagen müssen. Er hatte seinen BWL-Ordner im Kopf und meisterte die Prüfung letztlich problemlos. Bei der Diplomierung in Zollikofen im Sommer 2005 erwähnte Hansjörg Walter, damals Präsident des Bauernverbands, den Erstfelder Landwirt lobend.

Im Alltag trafen ihn die Einschränkungen unterschiedlich stark. Dass er sich seit dem Unfall nicht mehr kämmen kann, macht ihm nichts aus; seine Frisur sei schon immer unkompliziert gewesen. Auf die tägliche Rasur möchte er allerdings nicht verzichten. Hier muss Angelika einspringen. Die Körperpflege war zu Beginn ein Problem. Für Verrichtungen wie Duschen, Zähneputzen oder Schnäuzen, aber auch das Abwischen des Hinterns war er zunächst auf Hilfe angewiesen.

Mit der Zeit richteten Zgraggens ihre Wohnung dann behindertengerecht ein. Im Bad gibt es nun eine fest installierte elektrische Zahnbürste, eine Dusche mit einem Druckknopf, den Wisi mit dem Fuß bedienen kann, einen Closomat und einen Ankleidehaken, mit dem er seine Unterhosen selbständig herunter- und wieder hochziehen kann. Hingegen wird er zeitlebens darauf angewiesen sein, dass ihm jemand das T-Shirt oder den Pullover über den Kopf zieht oder die Jacke zuknöpft. Bei Schuhen und Stiefeln wählt er Modelle, in die er hineinschlüpfen kann. Mit der Snowboard-Ausrüstung schafft er es nicht allein.

Wenn ihn etwas am Kopf oder am Rücken juckt oder beißt, reibt er sich an einer Stuhllehne, der Kante eines Schranks oder an einer Wand. Ähnlich geschickt ist er im Umgang mit elektronischen Geräten. Mit einem kleinen Stift, den er im Mund hält, schreibt er auf der Tastatur des Computers; dafür eignet sich auch die Prothese. SMS und Mails tippt er mit der Nasenspitze oder dem Armstumpf ins Smartphone beziehungsweise in den iPad. Genauso telefoniert er auch oder programmiert im Auto das GPS. Will er schnell etwas aufschreiben, ohne ein Gerät zu starten, klemmt er sich einen Kugelschreiber zwischen die Zähne und macht so Notizen. Das sehe »ziemlich ähnlich aus« wie seine alte Handschrift, lacht er. Auch Zeichnen kann er auf diese Weise erstaunlich gut. Die Haus- und Garagentür haben Zgraggens mit elektronischen Schließsystemen versehen, die Wisi mit der Prothese, dem Stumpf oder der Nasenspitze betätigen kann.

Beim Essen gibt es nach wie vor Einschränkungen. So kann er weder den Wasserhahn aufdrehen noch selber kochen. Am Tisch wird ihm alles in mundgerechte Stücke geschnitten. Kurz nach dem Unfall aß er seine Mahlzeiten, indem er sie direkt mit dem Mund vom Teller nahm. »Ich habe ausgesehen wie ein Hund, der aus dem Futternapf frisst.« Inzwischen behilft er sich mit einer Gabel, die mittels eines Bandes mit Klettverschluss am Armstumpf befestigt ist. Zum Trinken benötigt er einen Strohhalm. Im Restaurant muss er jeweils darum bitten. Ihm sei in den vierzehn Jahren seit seinem Unfall erst dreimal unaufgefordert ein Plastikröhrchen gebracht worden.

Wenn er mit seiner Behinderung trotzdem an eine Grenze stoße, was selten vorkomme, könne Wisi auch einmal laut werden oder mit den Füßen etwas wegtreten, sagt Angelika. Habe er Phantomschmerzen, sage er selten etwas, rauche aber ein, zwei Zigaretten. Sie staunt, dass er nie mit Depressionen zu kämpfen hatte. »Er ist tatsächlich eine Frohnatur.«

Richtig Glück hat er mit einem Menschen, der vor einigen Jahren die Dachwohnung in ihrem Haus gemietet hat: Andreas Gisler, 54-jähriger SBB-Angestellter und gebürtiger Erstfelder. Als er sich bei Zgraggens um die Mansarde bewarb, steckte er in einer schweren Lebenskrise. Seine langjährige Ehe war gescheitert, er war demoralisiert und fühlte sich einsam. Es sei ein Segen für ihn gewesen, erzählt er, dass Wisi, Angelika und die Kinder ihn mit großer Herzlichkeit aufgenommen hätten.

Inzwischen hat er sich gefangen und ist längst wieder in festen Händen. Mit Wisi verbindet ihn aber nach wie vor eine enge Freundschaft. Er könne mit ihm über alles reden, seine Sensibilität und Aufmerksamkeit bedeuten ihm viel. Der freundliche, etwas füllige Mann ist zu Wisis Reisebegleiter geworden. Als er beispielsweise für drei Tage nach Österreich sollte, um Vorträge zu halten, ging Andreas Gisler mit und half, wo es nötig war. Er sei gern mit Wisi unterwegs. Er mache es einem mit seiner entspannten, offenen Art leicht, die Behinderung zu vergessen. Wisi hat gelernt, mit den unterschiedlichen Reaktionen der Leute umzugehen. Als er einige Monate nach dem Unfall mit Angelika und den Kindern Badeferien auf Zypern machte, trug er am Strand keine Prothese. Er war noch dünnhäutig und empfand das »ständige Angeglotztwerden« als große Beeinträchtigung. »Ich kam mir schrecklich bloßgestellt vor«, erinnert er sich. Inzwischen wisse er, dass es Menschen gebe, die ihn einfach anstarren müssten und zu denen er manchmal sage: »Und? Hast du es nun gesehen?« Mindestens so deplatziert finde er jene, die krampfhaft versuchten, an ihm vorbeizuschauen. An kleinen Kindern mag er ihre Ehrlichkeit und Direktheit. Fast alle, erzählt er, wollen von ihm wissen: »Wie tust du essen?« Wenn er dann antworte: »Mit dem Mund«, seien sie zufrieden.

Was er sich wünscht, sind sinnvolle Hilfsangebote. Großartig fände er beispielsweise, wenn ihn jemand auf einem Parkplatz fragen würde, ob er für ihn die Parkuhr füttern solle. »Das kann definitiv nur jemand mit Händen.«

Vater und Sohn

Wisis Unfall hatte sich zu einem Zeitpunkt ereignet, als Alois 57 Jahre alt und im Begriff war, seinem 25-jährigen Sohn den Betrieb zu übergeben. Dieser Plan war nun hinfällig. Wisi erinnert sich noch gut, dass sein Vater nach außen hin großen Optimismus verbreitet, in Tat und Wahrheit aber stark daran gezweifelt habe, ob sein behinderter Sohn sein Lebenswerk werde weiterführen können. »Mein Unfall war für den Bielenhof wie ein Erdbeben der Stärke neun.« Doch sein Vater sei schon immer ein Mensch mit enormem Durchhaltewillen, Hartnäckigkeit und Zähigkeit gewesen. Einer seiner Lieblingssätze lautet: »Aufgeben tut man höchstens einen Brief.« Weil sein Sohn ähnlich gestrickt ist, schafften die beiden in achtjähriger harter Arbeit das schier Unmögliche: Bis 2010 war Alois der Chef und Wisi sein Angestellter, mit 65 übergab er den Hof dem Junior, der damals 33 war.

Nun war Wisi auf eine neue Art herausgefordert. »Ich war zwar offiziell zum Nachfolger bestimmt worden, aber der Vater dachte angesichts meiner Einschränkungen, dass er nach wie vor das Zepter in der Hand halte und befehle, was zu tun sei.« Ein Mensch wie er, der sein Leben lang alles entschieden und bestimmt habe, könne sich nicht von einem Tag auf den anderen ändern. Wisi sagte zu Angelika, dass man ihm mindestens fünf

Jahre Zeit einräumen müsse, um die Umstellung auch emotional zu bewältigen.

Als Bub hatte Wisi seinen Vater uneingeschränkt bewundert. Auch seine drei Schwestern verehrten ihn wie ein Idol. Sein Engagement, seine Leidenschaftlichkeit, aber auch seine Fähigkeit, Menschen zu inspirieren und für etwas Neues zu begeistern, imponierten ihnen. »Er war schon immer ein Visionär«, sagt Wisi, »mutig und risikobereit und unglaublich leistungsorientiert.« Seine Mutter Silvia beschreibt er als »positiv denkende, liebenswürdige, aber etwas unsichere Person«, eine »fleißige Arbeiterin«, mit der er zwar immer wunderbar ausgekommen sei, die ihm aber nicht als Orientierungshilfe dienen konnte.

Alois war das unbestrittene Oberhaupt der Familie. Er hatte stets das letzte Wort und ließ oft nur die eigene Meinung gelten. Machte Wisi im Arbeitsalltag einen Vorschlag, reagierte er nicht selten abweisend, ja abschätzig. »Das war frustrierend und ließ mich an mir zweifeln.« Alois sei auch streng gewesen, erinnern sich seine Angehörigen, »manchmal sogar sehr streng, dazu aufbrausend, laut und schroff«. Für kindlichen Übermut und Scherze habe er nicht viel übriggehabt. Sein ganzes Denken sei auf den Hof und dessen Entwicklung ausgerichtet gewesen. Kurzum: Er war ein Patriarch alter Schule, aber auch ein fürsorglicher Patron und Vater, der seiner Frau und seinen Kindern notfalls das letzte Hemd überlassen hätte, großzügig und gütig, wie er im Kern ist.

Seine Dominanz rührte wohl daher, dass er schon mit vierzehn Jahren gezwungen war, wichtige Entscheidungen auf dem elterlichen Hof selber zu fällen. Um so jung so viel Verantwortung tragen zu können, musste er sein Selbstbewusstsein früh entwickeln. Alois räumt ein, dass er sich in späteren Jahren zuweilen wie ein Diktator benommen habe, aber man könne nicht ständig alles ausdiskutieren. »Irgendwann muss ein Entscheid gefällt werden, sonst ist die Arbeit nicht getan.« Um seinen Ansprüchen gerecht zu werden, arbeitete er wie ein Besessener: sechs bis sieben Tage pro Woche, 52 Wochen pro Jahr. Das Einzige, was er sich gönnte, waren Kurztrips ins Ausland, um sich bei anderen Züchtern umzuschauen.

Außerhalb der Familie machte sich Alois nicht nur Freunde. Als Präsident der Landi nahmen ihn die anderen Bauern oftmals als »eigenmächtig, belehrend und rechthaberisch« wahr. Einmal kanzelte er seine Kollegen im Vorstand gnadenlos ab; sie hätten jahrelang nichts bewirkt. Danach lief das Buschtelefon heiß. An der nächsten Versammlung wurde Alois von den Kritisierten hart attackiert, ja beleidigt. Stur, wie er sein konnte, ließ er sich davon nicht beirren und boxte seine Vorstöße trotzdem durch. Wisi, der ebenfalls im Saal war, litt unter der lautstarken Auseinandersetzung deutlich mehr als sein Vater.

Um seinen Sohn hatte sich Alois lange Zeit wenig gekümmert. Als Wisi zehn, elf Jahre alt war, nahm er ihn einmal an die kantonale Viehschau in Altdorf mit. Dort vertiefte sich der Vater auf der Stelle in Fachsimpeleien mit Kollegen und würdigte seinen Sprössling keines weiteren Blickes. Wisi musste höllisch aufpassen, dass er ihn nicht aus den Augen verlor, weil er sonst im Gedränge verloren gegangen wäre.

Mehr Interesse entwickelte Alois erst, als sich abzeichnete, dass der Junior in seine Fußstapfen treten würde. Als er mit seiner Ausbildung zum Landwirt begann, ging ein großer Wunsch des Vaters in Erfüllung. Manchmal fragt sich Wisi, ob sich Alois im tiefsten Inneren nicht einen risikobereiteren, innovativeren Nachfolger gewünscht habe, einen Unternehmertyp, der sich auf völlig neue Geschäftsfelder vorgewagt hätte. So wie die Gebrüder

Jucker aus Seegräben im Zürcher Oberland, die mit ihrer »Erlebnisfarm« und ihren Kürbisausstellungen ganze Völkerwanderungen auslösen.

Wie auch immer: Alois setzte alles daran, seinem Junior so viel Wissen und Know-how wie möglich zu vermitteln. Vater und Sohn wurden schnell zu einem Team, das eng zusammenarbeitete. Es waren Fragen zu den Tieren, zur Zukunft des Hofs, zur Zucht, zu anstehenden Arbeiten, zu Maschinen, zur Marktentwicklung oder zum Besuch des Lebensmittelinspektors, die ihre täglichen Gespräche beherrschten. Umso wichtiger war es, dass sich Wisi während seiner zwei Lehrjahre von ihm abnabelte und auf fremden Höfen eigene Erfahrungen sammelte, die ihn selbstbewusster und unabhängiger machten. Dass er danach auf den Bielenhof zurückkehren würde, war eine ausgemachte Sache.

Mit dem zunehmenden Wissen des Jüngeren veränderte sich das Verhältnis der beiden, langsam zwar und so subtil, dass es Außenstehende kaum bemerkten. Wisi bot seinem Vater in Sachfragen nun öfter mal die Stirn. Wenn Alois trotzdem allein entscheiden wollte, konnte es laute Diskussionen absetzen, und die Situation wurde ungemütlich. Manchmal lief Alois einfach davon, um am nächsten Tag im Stall zu erscheinen und so zu tun, als sei nichts geschehen. »Das war nicht immer einfach für mich«, räumt Wisi ein, »weil ich ein Mensch bin, der Probleme gern bespricht und damit aus der Welt schafft.« Mit der Zeit habe sich die Sache aber eingependelt. Alles in allem habe er viel mehr von der Zusammenarbeit mit seinem Vater profitiert, als dass er etwas auszusetzen hatte.

Gegen Ende der Neunzigerjahre trafen die beiden einen »großen und starken Entscheid«, der sie auf ganz besondere Art zusammenschweißen sollte. Sie beschlossen, das alte Wohnhaus abzureißen und ein neues mit zwei geräumigen Wohnungen zu bauen: eine für Alois und Silvia, die andere für Wisi und seine künftige Frau Angelika.

Kurz zuvor war der Großvater gestorben, der nach dem Tod seiner Frau noch mehr als zehn Jahre lang mit seiner Familie zusammengelebt hatte. Diesen Fehler wollten Alois und Wisi nicht wiederholen: Der alte Mann hatte mittags und abends mit ihnen am Küchentisch gesessen, war oft deprimiert gewesen, trank und rauchte zu viel und lag seinem Sohn dauernd mit der Sorge in den Ohren, er werde sich mit dem Betrieb eines Tages finanziell übernehmen. Das Familiengespräch habe unter seiner Gegenwart gelitten, erinnert sich Wisi, aus Rücksicht auf den Großvater habe man nie entspannt miteinander reden können.

Während der anderthalbjährigen Bauzeit wohnten Alois und Silvia in einem Provisorium im Wirtschaftsgebäude, das sie mit Spanplatten in mehrere Räume unterteilt hatten. Zum Duschen mussten sie in den Stall, wo sich auch ein WC befindet. Wisi und Angelika quartierten sich vorübergehend bei Angelikas Eltern in Altdorf ein. Um die Kosten tief zu halten, machten Vater und Sohn so viel wie möglich selber, außerdem stellten sie einen Maurer im Stundenlohn ein. Alois sagt: »Wir waren handwerklich extrem gut.« Wisi habe vor allem das Elektrische total im Griff gehabt. Er selber habe die Erfahrungen einbringen können, die er bei der Renovation des alten Hauses und der Errichtung des neuen Stalls gesammelt habe. Natürlich lief der Betrieb auf dem Hof unvermindert weiter. Morgens und abends mussten sie rund 35 ihrer Tiere melken und alle achtzig füttern. Außerdem galt es, die Wiesen zu mähen, Ballen zu pressen und auf dem steilen Pachtland im Tessin zu heuen. Alois seufzt: »Wir hatten uns unfassbar viel Arbeit aufgeladen.«

Mitte 2001 konnten die beiden Paare einziehen. Im Vergleich zum alten war das neue Haus riesig und bot viel Komfort. Allein die moderne Zentralheizung stellte einen Quantensprung dar. Der Stolz über ihr gemeinsames Werk verband Vater und Sohn. Ein Jahr später ereignete sich der Unfall.

Inzwischen sind die Rollen auf dem Bielenhof geklärt. Der bald vierzigjährige Wisi ist der Chef, der den Betrieb führt und – was ihm ganz wichtig ist – die strategischen Entscheide fällt. Zu kleineren Reibereien kann es kommen, wenn er beispielsweise mähen will und Alois dagegen ist. Dann trotze er und verweigere schon mal seine Hilfe bei der Vorbereitung der Geräte. Mit rund fünfzig Prozent leiste der Vater »ein angenehmes und seinem Alter angemessenes Pensum«. Er diskutiere immer noch viel mit ihm und lasse sich auch gern Ratschläge geben. Der Vater habe immer noch die größere Kompetenz in der Viehzucht, während er der Experte für die Gras- und Pflanzenkunde sowie für die Technik und die Maschinen sei. Was ihm mehr Mühe mache als früher, seien schwere körperliche Arbeiten und Verrichtungen, die große Fingerfertigkeit erfordern. Hingegen verfüge er nach wie vor über eine starke Ausdauer. »Wenn es nötig ist, arbeitet er von morgens um fünf bis nachts um zehn.«

Inzwischen habe Alois »den Prozess der Loslösung zu 75 Prozent vollzogen«, grinst Wisi, und es sei wirklich angenehm, ihn weiterhin an seiner Seite zu wissen. Es sei aber auch gut und mehr als verdient, dass sich seine Eltern seit einiger Zeit auch längere Reisen ins Ausland gönnen. Wenn er mit Silvia unterwegs sei, könne der Vater richtig abschalten. Er rufe auch nicht an, um sich zu erkundigen, wie es auf dem Hof laufe. Mails schicke er nur, um besonders eindrückliche Reiseerlebnisse zu schildern. Wisi deutet diese Entwicklung positiv. »Das ist der richtige Weg.«

Im Schlachthof

Es ist morgens um sechs, kalt, regnerisch, ein typischer Oktobertag. Im Nebel, der schwer und undurchdringlich auf den Feldern und Wiesen liegt, ist es nicht einfach, die Zufahrt zum Bielenhof zu finden. Keine Straßenlaterne, kein Wegweiser, nichts. Schließlich gelingt es, an der richtigen Stelle abzubiegen. Wisi und sein Vater fuhrwerken bereits im Stall, der einladend wirkt: hell erleuchtet, vergleichsweise warm, aus einem Radio erklingt leise Schlagermusik, um Mensch und Tier bei Laune zu halten. Die frühe Tagwacht hat einen besonderen Grund: Um sieben Uhr ist Wisi mit fünf Ochsen, einem Stier, einer Kuh und einem Kalb im Schlachthof Altdorf angemeldet.

Dass es acht Tiere sind, liegt daran, dass die Fleischbestellungen im Herbst und auf Weihnachten hin jeweils deutlich anziehen. Normalerweise bringt er nur zwei aufs Mal zum Metzger. Zwei, weil die Gesellschaft eines vertrauten Artgenossen für eine gewisse Ruhe und Entspannung in einer Situation sorgt, die ungewohnt ist für die Kühe und sie deshalb stresst.

Die Auswahl hat Wisi aus unterschiedlichen Überlegungen getroffen. Die vierjährige Kuh muss dran glauben, weil sie nach der Geburt ihres letzten Kalbes innert achtzig Tagen nicht wieder trächtig geworden ist. Sie würde zu wenig Ertrag abwerfen, wenn er sie weiterhin durchfüttern müsste. Jetzt gibt es wenigstens Trockenfleisch und Trockenwurst.

Ihrem sieben Monate alten Kalb wollte Wisi ersparen, ohne Mutter aufzuwachsen. »Die beiden haben eine so starke Einheit gebildet, dass das Jungtier ohne sie leiden würde.« Es soll in Form von Bratwürsten auf den Tisch kommen.

Der elf Monate alte Stier, der für die Zucht bestimmt war und somit Aussicht auf ein wesentlich längeres Leben hatte, machte im vorangegangenen Halbjahr eine Entwicklung durch, mit der er sich selber disqualifizierte: Zum einen setzte er zu wenig Fleisch an, zum anderen brüllte er ständig ohne ersichtlichen Grund und ging damit allen auf die Nerven. Die beiden Faktoren machten Wisis Zuchtpläne zunichte und zwangen ihn, zu handeln.

Die fünf Ochsen – einjährige, kastrierte Stiere – waren hingegen von Anfang an für die Fleischproduktion bestimmt.

Wisi hält Mutterkühe und erzielt einen großen Teil des Betriebsertrags mit dem Verkauf von Fleisch. Er sagt: »Sterben ist nicht lässig«, aber Sentimentalität sei trotzdem fehl am Platz, gehörten doch die rund fünfzig jährlichen Schlachtungen zwischen Oktober und Januar zu seinem Beruf wie das Amen in die Kirche. »Wir haben Nutztiere, keine Schoßhunde.«

Natürlich komme es hin und wieder zu emotionalen Momenten wie vorige Woche, als er seinen viereinhalbjährigen Stier Ion ins Schlachthaus bringen musste, zu dem er eine enge Beziehung hatte. Ion war immer aggressiver geworden. Es bestand die Gefahr, dass er eines Tages Menschen angreifen würde. »Dieser Entscheid ist mir schwergefallen«, seufzt Wisi. Umso wichtiger sei ein sorgfältiger, respektvoller Umgang mit einem Tier, das dem Tod geweiht sei – ein Verhalten, auf das er generell großen Wert lege.

Darum hat er die acht Tiere schon am Vorabend von der Herde getrennt und sie die Nacht in einem separaten Teil des Stalls verbringen lassen. Den Viehwagen mit der heruntergeklappten Rampe stellte er so hin, dass die Tiere das Wageninnere erkunden und sich damit vertraut machen konnten. Es sei schon vorgekommen, dass ein Tier im Viehwagen übernachtet habe, erzählt er.

Allen acht gibt er genauso viel Heu und Wasser wie an jedem anderen Tag, auch wenn die Mitarbeiter des Schlachthofs es nicht schätzen, wenn sie Tiere mit übermäßig vollen Bäuchen vor sich haben.

Gegen 6 Uhr 15 klettert Wisi in das abgetrennte Geviert und versucht, die Tiere in den Viehwagen zu bugsieren. Anfänglich zeigen sie wenig Lust. Indem er auf sie zugeht und ihnen geschickt den Weg verstellt, lässt er sie sozusagen ins Wageninnere »ausweichen«. Sobald alle drin sind, klappt Alois die Rampe hoch und verriegelt sie. Wisi steigt in die Kabine des Zugfahrzeugs, das mit einer Fußlenkung versehen ist. Statt auf der Hauptstraße fährt er auf einer Nebenroute nach Altdorf, die um diese Zeit nahezu verkehrsfrei, ruhig und eben ist.

Der Schlachthof ist in einem betongrauen Gebäude etwas außerhalb des Orts untergebracht. Gegenüber steht eine Biogasanlage, in der es vor einiger Zeit gebrannt hat und die an diesem Morgen, einer unheimlichen Ruine gleich, in den immer noch dunklen Himmel ragt. Punkt sieben Uhr schiebt ein Metzger in einer bodenlangen weißen Schürze das breite Eingangstor zur Seite. Seine Gestalt hebt sich deutlich gegen den Hintergrund ab.

Wisi weiß, was er zu tun hat. Im Rückwärtsgang manövriert er den Wagen direkt vor das Tor. Mitarbeiter des Schlachthofs stellen links und rechts Absperrgitter auf und bilden damit für

die Tiere eine Gasse. Wisi öffnet mit seinem Stumpf den Viehwagen und steigt zu seinen Tieren. Als würden diese ahnen, was
ihnen bevorsteht, drängen alle tief ins Wageninnere und rotten
sich Schutz suchend um ihren Besitzer zusammen. Er bittet einen
der Mitarbeiter, zu ihm in den Wagen zu steigen, und die Tiere
reagieren wie erwartet: Sie weichen dem unbekannten Mann aus,
verlassen den Wagen und drängen durch die Gasse in den
Schlachthof.

Ihr Stress ist unübersehbar. Es herrscht Hektik, ein Tier rutscht
aus und kracht gegen die Chromstahlwand des Warteraums. Die
Kuh habe augenscheinlich Angst, wahrscheinlich wegen des ungewohnten Lärms, erklärt Wisi besorgt. »Sie würde flüchten, wenn
sie könnte.«

Die anderen Tiere scheißen vor lauter Nervosität den Boden
voll. Zwei, drei muhen und murren lauthals.

Wisi räumt ihnen jeweils eine halbe Stunde Zeit ein, um sich
mit der neuen Situation vertraut zu machen. Das beruhige sie
und senke ihren Adrenalinpegel, was letztlich der Qualität des
Fleisches zugutekomme.

In dieser Phase nimmt der Tierarzt die Lebendtierschau vor.
Der visuelle Check vermittelt ihm Informationen zum Verhalten
und zum körperlichen Allgemeinzustand. Er kontrolliert die Dokumente mit den Angaben zu Identität, Alter und Gesundheit.
Dann entscheidet er, ob er sein Einverständnis zur Schlachtung
gibt oder nicht.

Wisi bringt seine Tiere seit rund zwanzig Jahren ins Schlachthaus Altdorf, einen vergleichsweise kleinen Betrieb mit dreizehn
Mitarbeitenden, darunter eine sechzehnjährige Lehrtochter. Gefragt, wie sie auf die Idee gekommen sei, diesen Beruf zu ergreifen, erklärt sie unbefangen, sie möge Tiere und habe gern Le-

bensmittel. »Da drängte sich Metzger geradezu auf.« Die Leitung des Schlachthauses liegt seit vielen Jahren in den Händen von Walti Herger, einem einheimischen Metzger mit ansehnlicher Leibesfülle, der auch noch einen eigenen Hof mit Tieren führt. Auch er steckt in einer bodenlangen Schutzkleidung, hat eine weiße Mütze auf und achtet aufmerksam darauf, dass die Abläufe stimmen und alles seine Ordnung hat. Dann läutet das Telefon, er verschwindet – und steht plötzlich in seiner Straßenkleidung im Türrahmen. Seine Frau habe angerufen, er müsse sofort nach Hause kommen und bei der Geburt eines Schäfchens helfen. »So ist das Leben«, sagt er, bevor er geht, »Sterben und Gebären sind zwei Seiten derselben Medaille.«

Während große Schlachthäuser, in denen eine regelrechte Industrieproduktion betrieben wird, Hunderte von Schlachtungen pro Tag vornehmen, kommt das Altdorfer Schlachthaus durchschnittlich auf etwas mehr als ein halbes Dutzend. Einer der Gründe dafür ist die Spezialisierung auf sogenannte Lohnschlachtungen für Bauern, die ihr Fleisch wie Wisi auf dem eigenen Hof verkaufen, also Direktvermarktung betreiben. Sie bringen in der Regel nicht mehr als ein, zwei Tiere vorbei. An diesem Morgen ist das unter anderen ein Stier, der kaum zu bändigen ist und mit einem Strick ums Maul unter Kontrolle gebracht werden muss. Gleichzeitig blöken zwei Ziegen lauthals, um ihren steigenden Unmut zu bekunden.

Nachdem der Arzt nichts zu beanstanden gehabt hat, wird das erste von Wisis Tieren in die sogenannte Tötebucht geführt und am Kopf fixiert. Ein Metzger betäubt es mit einem Bolzenschuss mitten in die Stirn. Auf der Stelle sackt der Körper zu Boden. Ein weiterer Mitarbeiter packt das bewusstlose Tier und bindet ihm robuste Ketten um die Hinterbeine. Mit einem Flaschenzug wird es hochgezogen, bis der Körper, Kopf nach unten, frei über dem Boden hängt.

Nun nähert sich die Lehrtochter mit einem Messer, kniet nieder und öffnet ihm die Halsschlagader mit einem entschiedenen Schnitt. Dunkelrotes Blut schießt heraus und ergießt sich literweise in das bereitstehende Becken. Drei Minuten werden dem Tier zum Ausbluten zugestanden, dann ist es garantiert tot und sein Fleisch weitgehend frei von Blut. Dass es noch lange zuckt, liegt an den Nerven. Die Lehrtochter, deren Schürze inzwischen mit roten Flecken und Spritzern übersät ist, greift erneut beherzt zu und trennt den Kopf vom Rumpf. Dieser wird anschließend abgesenkt, auf einen Metallwagen gehoben und von den Ketten befreit.

Die Metzger, die nun an der Reihe sind, arbeiten zügig. Da ist ein eingespieltes Team am Werk, bei dem jeder Handgriff sitzt: Vorderbeine auf Höhe der Knie abtrennen, Hinterbeine oberhalb der Sprunggelenke, Fell und Haut öffnen und vom Hals über den Bauchnabel bis zum Hinterteil abziehen, den Fleischhaken befestigen, an dem der Tierkörper aufgehängt wird, beim Hochziehen das Fell endgültig entfernen. Nun verlässt der nackte Torso die sogenannt schmutzige Zone auf einer Schiene und gelangt in die reine Zone, in der die strengen Vorschriften der Lebensmittelhygieniker gelten.

Ein Mann in weißer Schürze und transparenter Plastikhaube schlitzt die Bauchwand auf, worauf die Innereien herausquellen und in einen Behälter fallen. Sie werden in der Tierverbrennungsfabrik Bazenheid in CO_2-neutrale Energie umgewandelt. Weitere Organe wie Herz, Lunge und Leber hängt er an Haken an eine Art Kleiderständer; der Tierarzt wird sie alsbald untersuchen. Nun kommt die Säge zum Einsatz: Mit ihr wird der Tierkörper längs der Wirbelsäule in zwei Hälften geteilt, dann das Rückenmark entsorgt, das seit dem Auftreten von Rinderwahnsinn in Verruf geraten ist.

Im Rahmen der Totenschau prüft der Veterinärmediziner am »Kleiderständer« Aussehen und Größe der wichtigsten Organe. Er tastet sie einzeln ab und schneidet sie mit einem Messer an, weil er auf diesem Weg Abszesse und Krankheitserreger oder Parasiten findet, was im schlimmsten Fall dazu führt, dass das Fleisch nicht verwertet werden darf. Gleichzeitig nimmt er den Tierkopf unter die Lupe, an dem ihn vor allem die Wangenmuskulatur interessiert, in der sich gern der Rinderbandwurm einnistet. Zuletzt wirft er einen prüfenden Blick auf die beiden Schlachthälften. Sind seine Befunde zufriedenstellend, drückt er einen Stempel aufs Fleisch: Aus dem Tier ist endgültig ein Lebensmittel geworden.

Sind diese Hürden genommen, beginnt die Klassifizierung des Fleisches. Was jeden Bauern brennend interessiert, ist das Gewicht. In der Schweiz werden die einzelnen Klassen gemäß dem CH-TAX-System unterschieden: C steht für »sehr vollfleischig«, X für »sehr leerfleischig«. Wisis klein gewachsene Dexterkühe sind im mittleren Bereich beim T angesiedelt (»mittelfleischig«). Die mächtigen Angusrinder und Limousinkühe bringen am meisten Gewicht auf die Waage und erreichen meist ein C.

In einem weiteren Schritt wird die Fettklasse ermittelt, die von 1 (»keine Fettabdeckung des Fleisches«) bis 5 reicht (»übermäßige Fettabdeckung«). Mit einer 3 (»mittlere gleichmäßige Fettabdeckung«) sind die Produzenten in aller Regel zufrieden, gilt eine dosierte Menge an Fett doch als Geschmacksträger und wertet das Fleisch auf. Wisi schwört dennoch auf eine 2 (»leichte Fettabdeckung«), weil das Fleisch von Dexterkühen sowieso einen intensiven Geschmack habe und er sich als Direktvermarkter besonders stark an den Bedürfnissen seiner Kunden orientiere. »Die wollen mageres Fleisch.«

Solange das Schlachtfleisch noch warm ist, verfügt es über eine weiche, fast puddingartige Konsistenz. In den drei Tagen, die es nun im Kühlhaus bei maximal vier Grad Celsius abhängt, wird es fest.

Danach wandert es in die Zerlegehalle, wo die Metzger die Knochen und das überschüssige Fett entfernen, das Fleisch zerlegen und verpacken: Bratenstücke, Filets, Voressen – alles kommt in separate Beutel. Diese werden zwei Wochen lang bei Temperaturen zwischen null und drei Grad Celsius gelagert. In dieser Zeit verliert das Fleisch Wasser und damit an Gewicht, gewinnt aber an Geschmack.

Wisi nimmt die Gewichtseinbuße zugunsten der Qualitätsverbesserung in Kauf, ist sich aber bewusst, dass viele seiner Konkurrenten, darunter auch die Großverteiler, ihre Ware weniger lang reifen lassen und damit mehr Kilogramm pro Tier zu günstigeren Preisen auf den Markt bringen können.

Dafür habe er seinen Kunden Fleisch von Rindern anzubieten, deren Haltung sie auf dem Bielenhof jederzeit begutachten könnten, erklärt Wisi. Während wir an einem Automaten stehen und einen Kaffee trinken, erzählt er, dass er seine drei Buben auch schon ins Schlachthaus mitgenommen habe. »Sie sehen die Zeugung im Stall, sind bei Geburten dabei, sehen die Tiere wachsen und fragen natürlich, wie es mit ihnen zu Ende geht.« Sie wüssten, dass die Familie dank den Tieren existieren könne. Nur Leonie habe er noch nie ins Schlachthaus mitgenommen; sie sei dafür noch zu klein.

Das Fleisch lässt Wisi im Schlachthaus gemäß den Wünschen seiner Kunden zuschneiden. Er wolle, dass auf seinem Hof kein Messer mehr in die Hand genommen, sondern nur noch die präparierten Stücke und Portionen vakuumverpackt werden müssten. In Mischpakete von mindestens zehn Kilogramm Gewicht lagert er sie bis zum Verkauf tiefgefroren im begehbaren Vorratsraum.

Um 8 Uhr 30 ist die Arbeit getan. Wir verlassen das Schlachthaus. Hinter uns liegen anderthalb intensive Stunden. Draußen ist es hell geworden.

Das Jahr des Bauern

Fragt man Wisis ältesten Sohn Thomas, was er werden möchte, kommt seine Antwort prompt: »Bauer.« Diese Ankündigung ist durchaus ernst zu nehmen, weiß der Fünfzehnjährige doch genau, wovon er spricht. Schon heute würde er es sich zutrauen, seinen Vater einige Tage zu ersetzen und die Arbeit auf dem Hof allein zu erledigen. »Ich bin mir im Klaren, was alles ansteht und wie ich es anpacken muss.« Bauer sei ein guter Beruf, sagt er, weil man sein eigener Chef sei und unabhängig von anderen bestimmen könne, was man machen wolle, dazu meistens im Freien arbeite und oft auch mit den Händen. »Das gefällt mir, ich bin nämlich ziemlich stark.« Dass er früh aufstehen müsse, störe ihn nicht. Dafür habe man ein abwechslungsreiches Leben: »Kein Tag ist wie der andere.«

Das bäuerliche Leben ist tatsächlich vielfältig und in starkem Maß abhängig von den Jahreszeiten und dem Wetter. In den Wintermonaten ist es bei Zgraggens im Bereich Futterbau ruhig, dann gibt es auf den Wiesen nichts zu tun. Dafür herrscht im Stall Hochbetrieb: Verteilt auf den November, Dezember und Januar kommen fünfzig bis sechzig Kälber zur Welt.

Die zeitliche Staffelung ist kein Zufall, sondern das Ergebnis akribischer Planung. Wisi und Alois achten genau darauf, wann sie welche Kuh decken lassen. Ein Kalb kommt nach 282 Tagen zur Welt. Angestrebt wird, das Muttertier innert achtzig Tagen wieder zu befruchten. Man erwartet von ihm also jedes Jahr Nachwuchs.

Nach der Geburt schenkt Wisi der Gesundheit der Kälber viel Aufmerksamkeit. Als erfahrener Bauer kann er ihre Körpersprache lesen und weiß, worauf er achten muss. Sowohl die Atmung wie auch die Aktivität eines Kalbs sind wichtige Indikatoren: Atmet es ruhig und regelmäßig? Zeigt es einen gesunden Bewegungsdrang, oder liegt es matt auf seinem Strohbett? Alarmiert ist Wisi, wenn ein Tier die Ohren hängen lässt. »Dann ist es krank.« Sorgen macht er sich auch, wenn das Fell eines Kalbes ständig nass ist und die Haare nicht glatt am Körper liegen. Um kein unnötiges Risiko einzugehen, kontrolliert er in einem solchen Fall die Körpertemperatur. Alois oder eines der Kinder schieben dem Tier den Fiebermesser in den Anus.

Im Februar beginnt bereits wieder die Brunstbeobachtung. Wisi prüft die Beschaffenheit des Vaginalschleims einer Kuh. Ist er durchsichtig, ist ein erstes Indiz gegeben. Gleichzeitig achtet er auf ihren Bewegungsdrang. Ist dieser deutlich erhöht, ja kann ein Tier kaum noch ruhig stehen, ist die Wahrscheinlichkeit groß, dass es brünstig ist. Den endgültigen Beweis liefert es, wenn es stehen bleibt, sobald ein anderes Tier ihm aufsitzt, und damit signalisiert, dass es bereit wäre, sich decken zu lassen. Brünstige Kühe bespringen selber immer wieder ihre Geschlechtsgenossinnen. Diese Anstrengungen führen dazu, dass die Tiere aus allen Poren schwitzen und im Winter sichtbar vor sich hin dampfen.

Wisi muss vor allem den Zyklus jener Tiere genau kennen, die er künstlich besamen lassen will, um die Qualität seiner Herde dank Blutauffrischung zu steigern. Damit er dieses Ziel erreicht, braucht er Sperma von gesunden Stieren mit guten Erbanlagen. Weil er Inzucht mit ihren Folgeschäden vermeiden will, verwendet er gern Samen aus Deutschland oder Großbritannien.

Zehn bis zwanzig Tiere lässt Wisi vom »Köfferli-Muni« besamen, der pro Hofbesuch eine Grundprämie von 32 Franken verrechnet. Dazu kommen die Kosten pro »Schuss«. Mit 59 bis 105 Franken ist Dextersamen überdurchschnittlich teuer. Rund siebzig Prozent der Befruchtungen führen zum Erfolg.

Die anderen Kühe werden von den hauseigenen Stieren besprungen, die Ende Februar zurück in die Herde kommen, nachdem sie zuvor separiert oder an andere Bauern vermietet waren. Gemäß Wisis Zeitplan sollten – gestaffelt bis Ende März, Anfang April – alle Tiere trächtig sein. Hat es bei einer Kuh nicht eingeschlagen, lässt er einen Zyklus verstreichen und den Stier 21 Tage später noch einmal zum Sprung ansetzen.

Mitte März beginnt die Arbeit auf den Wiesen. Der erste Schritt besteht darin, die Hälfte der Flächen mit einem verdünnten Kot-Urin-Gemisch anzudüngen, um das Wachstum des Grases anzustoßen. Die geringe Menge erklärt Wisi damit, dass der Boden um diese Jahreszeit noch kalt und deshalb nur beschränkt aufnahmefähig sei. Das Gemisch landet auf jenen Wiesen, deren Gras das Rindvieh im Frühjahr und in den Sommermonaten direkt abweidet. Die andere Hälfte der Flächen düngt er mit Mist, einem kompakten Stroh-Kot-Gemisch aus dem Liegebereich seiner Tiere. Dieser Festdünger kommt auf die Wiesen, auf denen das Gras wächst, das man später als Heu für den Wintervorrat konserviert.

Sobald das Gras wächst, »striegeln« Zgraggens mit einer Egge alle Wiesen und befreien den Boden von verfilzten Pflanzen und dem gemeinen Rispengras. Das sorgt für eine verbesserte Sauerstoffzufuhr. Nun erwacht der Boden endgültig aus dem Winterschlaf und wird lebendig. Wenn Maulwürfe Hügel bauen, macht ihnen Alois mit Fallen den Garaus. Die toten Tiere steckt er zurück in den Bau, wo sie sich der Fuchs holt und einverleibt. Anfang April ist es Zeit für die Unkrautbekämpfung. Die sogenannten Blacken werden einzeln mit einer speziellen Lösung besprüht und unschädlich gemacht. Es handelt sich um breitblättrige Pflanzen, die gute Gräser verdrängen, fast keinen Ertrag abwerfen und den Boden hart werden lassen. Wisi geht mit einer Spritze auf dem Rücken über die Wiesen, die er mit einem speziellen Mechanismus betätigen kann.

Sobald das Gras zwischen zehn und fünfzehn Zentimeter hoch ist und der Löwenzahn zu blühen beginnt – in der Regel Mitte April –, ist es Zeit, die Tiere auf die Weide zu lassen. Wisi zäunt die entsprechenden Parzellen mit der Hilfe von Alois, Angelika und den Kindern ein. Nachdem das Vieh monatelang konserviertes Heu fressen musste, ist das frische, energiereiche Gras ein Leckerbissen. Solange es ernährungstechnisch Sinn macht, holt Wisi die Tiere nachts in den Stall, um sie zusätzlich Heu fressen zu lassen. Dieses enthält im Gegensatz zu frischem Gras mehr Raufasern, was die Verdauung fördert. Sobald das Weidegras reift, steigt auch sein Raufasergehalt. Von da an kann die Herde auch nachts draußen bleiben.

Interessant ist, wie die Tiere auf die Kuhfladen reagieren, die auf ihrem Fressen landen. Rings herum lassen sie wegen des Gestanks eine Graszone von rund zehn Zentimetern unberührt, was zum Entstehen sogenannter Weidebüschel führt. Zwei, drei Monate später, wenn sich der Kot zersetzt und der üble Geruch verflüchtigt hat, vertilgen die Kühe auch dieses bis anhin gemiedene Gras, und es bilden sich an anderen Stellen neue Weidebüschel.

Im Mai müssen alle Landmaschinen auf dem Bielenhof einsatzbereit sein, weil Mitte Monat, je nach Wetter eine Woche früher oder später, die Heuernte beginnt. Sie absorbiert während rund zehn Tagen nahezu alle Kräfte. Der erste Schnitt ist besonders wichtig, weil er den Hauptertrag für das ganze Jahr liefert.

Am ersten Tag wird das Gras gemäht und aufbereitet. Mit dem Zweiachsmäher erledigt Wisi beide Arbeitsgänge in einem. Der Aufbereiter schlitzt die feine Wachsschicht des gemähten Grases auf, damit es schneller trocknet. Am zweiten Tag gegen Mittag, wenn der Morgentau verdunstet ist, kommt der Kreiselheuer oder Zetter zum Einsatz, der das Gras auflockert und wendet. Auch dieser Vorgang dient dazu, die Trocknung zu beschleunigen. Einige Stunden später fährt Wisi mit dem Kreiselschwader übers Feld, der schmale, lange Reihen hinterlässt, die sogenannten Schwaden oder »Mädli«. Der Ladewagen, gezogen vom Traktor, schluckt Reihe für Reihe auf. Im Stall wird das Heu abgeladen und mit einem Kran auf den Heustock verfrachtet, wo es endgültig trocknet.

Im Juni beginnt Wisi mit den Vorbereitungen für das Überführen seiner Tiere auf die Alp. Die Reise auf rund 2000 Meter Höhe ist für Mensch und Tier anstrengend, aufwendig und kostet alles in allem mehr als 4000 Franken. Konkret: Die ersten zwanzig Kühe und ihre Kälber, die den Sommer auf der Alp verbringen, werden mit Viehlastern Richtung Klausenpass auf den Urnerboden transportiert. In Klus werden sie ausgeladen. Die Zgraggens führen sie auf einem beschwerlichen Weg über den Fisetenpass auf die Alp Fiseten. Der Marsch dauert gut zwei Stunden.

Bis Ende Juni hat Wisi insgesamt rund hundert Tiere – mehrheitlich Kühe mit ihren Kälbern, dazu ein Dutzend trächtige Rinder – auf die Alp gebracht. Ein Hirte, den er schon lange kennt und dem er vertraut, beaufsichtigt die Herde. Bauern, die diese Dienstleistung in Anspruch nehmen, müssen für die Alpgenossenschaft sechs Frondiensttage leisten. Man hilft bei Aufräumarbeiten oder dem Unterhalt von Wegen und Gebäuden, stutzt Sträucher auf den Weiden oder gebietet der Verbuschung Einhalt. Damit ist es allerdings noch nicht getan. Auf dieser Höhe kann es bei einem Kälteeinbruch selbst im Juli oder August schneien. Wisi beobachtet die Wetterlage genau. Bei starkem Schneefall nimmt er sofort Kontakt mit dem Älpler auf, um sicherzugehen, dass dieser seinen Tieren genug Heu und manchmal auch Wasser bringt.

Sein Entscheid, die Tiere zu »alpen«, hat gute Gründe. Zum einen spart er auf dem Bielenhof Futter, was ihm erlaubt, mehr Tiere zu halten. Das wiederum erleichtert ihm die Zucht: Je mehr Tiere, umso mehr attraktive Paarungen. Gleichzeitig bringen ihm mehr Tiere mehr Fleisch.

Doch nicht nur die Quantität lässt sich erhöhen, auch die Qualität steigt, denn auf der Alp kommt das Vieh in den Genuss von exquisitem, besonders gesundem Futter. Außerdem sollten sich Zuchttiere, so Wisi, in der freien Natur bewähren können, und da biete eine Alp mit ihrer Höhenlage und dem steilen Gelände genau die richtige Herausforderung.

Sie durchlaufen ein regelrechtes Höhentraining, bei dem sie zwar etwas an Gewicht einbüßen, dafür aber deutlich mehr rote Blutkörperchen bilden. Die Folge: Sie können nach der Rückkehr auf den Hof das Herbstgras besser in Fleisch von speziell guter Qualität umsetzen und den Gewichtsverlust damit mehr als kompensieren – ein Mechanismus, der auch »Alpeffekt« genannt wird.

Im Sommer, wenn die Tiere weg sind, läuft auf dem Bielenhof nur ein reduzierter Betrieb. Anfang Juli erfolgt auf den Wiesen der zweite Schnitt, der wiederum im Heustock landet. An freien Tagen bietet sich Gelegenheit, Freunde und Verwandte zu besuchen, mit der Familie zu wandern oder Velo zu fahren. Wisi besitzt ein Dreirad mit angepasster Schaltung, das er mit der Schulter lenkt. Im August reist er mit Angelika und den vier Kindern jeweils für eine Woche in die Ferien. Sie waren schon in Südfrankreich, Italien, Österreich und auf Zypern.

Danach stehen Reparaturarbeiten an, einmal muss etwas im Haus geflickt, ein anderes Mal ein alter Stall abgerissen werden. Erlaubt es seine Zeit, nimmt Wisi auch Aufträge von Nachbarn oder Kollegen an, für die er mäht oder Ballen macht. Aus seiner dritten und vierten Grasernte presst er rund 300 Siloballen von 500 bis 1200 Kilogramm Gewicht. Sie werden im Verlauf des Winters verfüttert. Silage ist luftabgeschlossenes Gras, das über eine bessere Nährstoffkonzentration verfügt als Heu. Ein- oder zweimal besucht Wisi sodann seine Tiere auf der Alp, um sich zu vergewissern, dass es ihnen gut geht.

Mitte September kehren die Tiere zurück. Den genauen Zeitpunkt bestimmt der Senn in Absprache mit dem Hirtvogt, der die Verantwortung für das Alppersonal trägt. Je nach Menge und Qualität des noch vorhandenen Grases und abhängig vom Wetter setzen sie den Termin eine Woche früher oder später an. Anders als beispielsweise in Appenzell, werden die Alpauf- und -abzüge in Uri nicht als Folklorefest mit Trachten, Treicheln und vielen Schaulustigen zelebriert. Jeder Bauer organisiert diesen Transfer individuell und ohne großes Aufsehen.

Tagsüber lässt Wisi die heimgekehrten Tiere auf die Wiesen, wo sie nochmals frisches, im Herbst klee- und damit besonders eiweißreiches Gras fressen. Nachts holt er sie in den Stall und verfüttert ihnen Heu, damit sie genügend Raufasern bekommen.

Die tägliche Verteilung der Tiere auf die verschiedenen Parzellen erfordert ein ausgeklügeltes Weidemanagement. Morgens und abends müssen je zwei Personen die Tiergruppen bis zu eineinhalb Kilometer weit begleiten. Rund fünf Hektaren Wiesen, die zu weit entfernt sind vom Bielenhof, werden im Oktober ein letztes Mal maschinell gemäht. Das Gras wird zu Ballen gepresst. Anfang November stellt Wisi endgültig auf Stallhaltung um. Mit den Bestellungen der Kunden beginnt dann die Phase des Schlachtens.

Dexterfleisch ist ein Nischenprodukt, das die Züchter auf dem eigenen Hof direkt verkaufen müssen. Organisierte Absatzkanäle stehen erst ab tausend Schlachttieren pro Jahr zur Verfügung. In der Schweiz gibt es aber nur etwa 750 Dexterkühe mit durchschnittlich einem Kalb pro Jahr. Die Kunden können angeben, welche Stücke sie in welchen Portionen haben möchten. »Die einen verlangen Voressen aus Schnitzelfleisch, die anderen aus Bratenstücken, Siedfleisch gehackt oder am Stück.« Pakete mit Rindszunge oder ohne – alles ist sorgfältig angeschrieben und abgepackt. Ein zehn Kilo schweres Mischpaket kostet 290 Franken. Die Bestellung muss persönlich auf dem Bielenhof abgeholt werden – eine Folge des Lebensmittelgesetzes: Die Kühlkette darf von der Schlachtung bis zum Verkauf nicht unterbrochen werden.

Ab November herrscht auf dem Bielenhof deshalb reger Kundenverkehr. Gleichzeitig beginnt die Abkalbsaison, und Wisi verbringt viel Zeit im Stall, um seine trächtigen Kühe zu beobachten. Braucht ein Tier Hilfe? Wenn er sieht, dass der Geburtstermin näher rückt, trennt er es von der Herde und bringt es in den »Gebärsaal«. Das sei auch in der Natur so: »Gebärende sondern sich zwei bis drei Tage ab. Nach der Geburt wird das Kalb auf die Mutter geprägt, und es lernt, wie und wo es trinken muss.« In dieser

Phase stellt Wisi besonders strenge Anforderungen an die Hygiene. Er meidet Kollegen, die kranke Tiere haben, damit er keine Erreger mit nach Hause bringt, und verlangt von seinen Lehrlingen, dass sie stets sauber und frisch gekleidet auf dem Hof erscheinen.

Auch der Zusammenstellung des Futters widmet er in dieser Zeit besondere Aufmerksamkeit. Um die Milchproduktion nicht zusätzlich anzuregen und damit Euterentzündungen zu riskieren, gibt er den frischgebackenen Müttern Heu, das weniger Energie und Eiweiß, dafür sehr viel Raufasern enthält.

Alles über Kühe – Kühe über alles

Wie gefühlvoll sind Kühe?
Kühe haben viel Feingefühl. Den Bauern respektieren sie. Er ist ihr Chef, aber auch ihr Freund, was sich daran zeigt, dass sie immer wieder versuchen, ihn mit der Zunge zu schlecken. Hat er keine Zeit für sie, vermissen sie ihn manchmal so sehr, dass sie muhen oder plärren. Es gibt sogar Tiere, die auf der Alp sichtbar unter Heimweh leiden.

Welche Beziehung hat der Bauer zu seinen Kühen?
Jeder normale Bauer hat Gefühle für seine Tiere. Wenn ein Tier verunfallt und leiden muss, kann er – je nach Grad der Emotionalität – sogar in Tränen ausbrechen. Im Alltag ist er froh um eine Kuh, zu der er einen besonders guten Draht hat, weil dieses Tier ihm den Zugang zur Herde erleichtert. Da begrüßt er jeweils zuerst dieses Tier, kratzt es und zeigt damit den übrigen, dass er ein Freundlicher ist. Ein »Leckerli« sollte er prinzipiell nicht mitnehmen, weil seine Kühe sonst jedes Mal lauthals betteln, wenn sie ihn nur schon von ferne sehen.

Was macht Kühen Angst?
Da gibt es einiges, Hunde zum Beispiel. Kühe riechen, dass ein

Hund von Natur aus ein Jagd- und Reißtier ist, egal, ob jetzt ein Pudel oder ein Schäferhund vor ihnen steht. Schnelle, hektische Bewegungen erschrecken sie. Das ist der Grund, warum das Tuch des Toreros einen Stier reizt. Mit der roten Farbe hat das nichts zu tun. Angst macht ihnen auch ein Knallen, wie es beim Erst-August-Feuerwerk zu hören ist. Oder ein schlimmes Sommergewitter mit grellen Blitzen, die sie vorübergehend blind machen, und Donner, der eine ganze Herde in Panik versetzen kann. Weil Rindviecher Gewohnheitstiere sind, haben sie generell großen Respekt vor allem, was für sie neu ist. Ein Tier, das nie auf die Weide kommt, hat regelrecht Angst, wenn es zum ersten Mal rausmuss.

Spüren Kühe, wenn es ans Sterben geht?
Sie nehmen die Veränderungen wahr, die mit dem Transport ins Schlachthaus verbunden sind, und reagieren darauf mit Stress. Auch das Schlachthaus selbst ist ihnen fremd und damit unsympathisch. Doch dass es ans Sterben geht, realisieren sie nicht. Sonst würden sie alles unternehmen, um zu fliehen. Anders sieht es aus, wenn ein Tier nach einem Unfall eine schwere Verletzung hat oder wenn es unter einer schlimmen Krankheit leidet. Dann kann es passieren, dass es regelrecht um Gnade bittet. Sein ganzes Verhalten zeugt von Traurigkeit, Ermattung und Anlehnungsbedürftigkeit. Indem es sich in dieser Situation dem Menschen nähert, signalisiert es: Erlöse mich!

Haben Kühe untereinander Beziehungen?
Es gibt Freundschaften, aber auch Feindschaften unter Kühen. Freundinnen suchen die Nähe der anderen und tauschen Zärtlichkeiten aus, indem sie einander schlecken. Auch ihre Kälbchen

spielen gern miteinander. Feindschaften erkennt man an Konfrontationen und regelrechten Kämpfen. Das stärkere Tier schubst das schwächere weg. Ist damit die Rangordnung geklärt, gehen sie sich in der Folge oft aus dem Weg.

Welche Rolle spielt ein Stier in der Herde?
Wenn die Herde ruhig weidet, hat er keine besondere soziale Funktion und ist der Leitkuh klar untergeordnet. Seine Bedeutung erschöpft sich in der Reproduktion. Er soll und will die Kühe decken, was dazu führt, dass er gegenüber anderen Stieren, die ihm seinen Platz streitig machen, ein sehr dominantes Verhalten zeigt. Dann kann es zu gefährlichen Kämpfen kommen, in deren Verlauf zwei Kontrahenten Kopf gegen Kopf aufeinander losgehen, wobei sie zeitweise nur noch auf den Hinterbeinen stehen. Manchmal kann ein Bauer einen besonders dominanten Stier, der sich längere Zeit außerhalb des eigenen Betriebs aufgehalten hat, nicht mehr in den Stall zu einem Konkurrenten lassen, weil es sonst zu brachialen Auseinandersetzungen käme. Auf der Weide hätte das schwächere Tier immerhin die Chance, sich freiwillig zurückzuziehen und damit dem Leader den Vortritt zu lassen. Wenn eine Herde angegriffen wird, zum Beispiel von einem Wolf, wird sie auch vom Stier verteidigt.

Wie ist eine Herde strukturiert?
Die Leitkuh führt und versammelt die ganze Herde hinter sich. Sie entscheidet, welchen Weg die Gruppe geht. Das muss nicht die stärkste Kuh sein, aber diejenige, die sich getraut, den ersten Schritt zu machen. Oft ist es ein Tier mit viel Erfahrung, in der Regel auch ein älteres. Die Nummer zwei ist das stärkste Tier, das in Rangkämpfen stets dominiert und damit auf dieser Ebene die

Funktion der Chefin bekleidet. Sie wird eines Tages die Leitkuh ablösen. Zwei, drei weitere Kühe nehmen die Rolle von Stellvertreterinnen ein, klassische Aspirantinnen, die sich nach oben boxen wollen. Die Herde bildet die große Masse, mitten drin der Stier, und am Schluss der Rangordnung das Omega-Tier. In freier Wildbahn wird dieses schwächste Mitglied der Herde von den anderen ausgegrenzt und einem Angreifer wie dem Wolf geopfert.

Kann sich eine schwache Kuh dagegen wehren, zum Omega-Tier zu werden?
Mal angenommen, eine Dexterkuh, Körpergewicht 400 Kilogramm, trifft auf eine Herde Limousinkühe, Körpergewicht pro Tier 800 Kilogramm. Die Dexterkuh nimmt ihre körperliche Unterlegenheit sofort wahr und gerät in Stress, schafft es aber trotzdem innerhalb kurzer Zeit, sich zum Beispiel bei einer Stellvertreterin dermaßen einzuschmeicheln, dass sie die andere als Freundin und Beschützerin gewinnen kann und damit gefeit ist vor der undankbaren Rolle des Omega-Tiers. Eine gewisse soziale Intelligenz ist unübersehbar.

Trotzdem gelten Kühe im Volksmund als dumm. Zu Unrecht?
Kühe folgen einer spezifischen Logik, die für sie Sinn macht. Ein Beispiel: Eine Kuh geht jeden Tag auf demselben Weg zur Weide. Eines Tages bedeckt eine Pfütze einen Teil des Weges. Die Kuh hält an, schnuppert am Wasser, schaut, wie groß das Hindernis ist, und macht dann einen Bogen um das unbekannte Objekt. Es kann ihr ja niemand garantieren, dass sie beim Reintreten nicht in einen Abgrund stürzt und in Neuseeland landet. Mit Druck erreicht man in einer solchen Situation überhaupt nichts; dann

wird sie nur doppelt nervös. Hat sie allerdings einmal in Ruhe erfahren können, dass eine Pfütze Trinkwasser enthält, mit dem sie ihren Durst löschen kann, wird sie bei nächster Gelegenheit aus der Pfütze trinken.

Wieso wissen Kühe, dass der elektrisch geladene Zaun ihnen einen Schlag versetzt, und meiden ihn?
Aus Erfahrung. Ein Kalb erlebt zwei-, dreimal, dass die Berührung mit dem Zaun schmerzhaft ist, dann hat es kapiert, dass es Zäunen besser aus dem Weg gehen sollte. Wenn eine Kuh später einmal auf einen Zaun trifft, der nicht geladen ist, dauert es lange, bis sie sich ihm anzunähern wagt. Kühe sind misstrauische Wesen. Man darf allerdings auch nicht vergessen, dass ein elektrischer Schlag einer Kuh größere Schmerzen zufügt als uns Menschen, weil sich der Strom umso stärker im Körper ausbreitet, je weiter die Beine auseinanderstehen. Pferde trifft es wegen ihrer eingenagelten Hufeisen noch schlimmer. Zäune, die Pferdeweiden begrenzen, haben deshalb eine geringere Spannung als jene für Kuhweiden, bei denen man mit mindestens 2000 Volt arbeitet. Für Schafe sind mindestens 4000 Volt erforderlich, weil ihr dickes Wollkleid stärker isoliert.

Was muss passieren, dass eine Herde einen geladenen Zaun niederreißt?
Dann ist sie in Panik geraten und im wahrsten Sinne des Wortes blind für alle anderen Gefahren, weil ihr Sehvermögen in diesem Zustand massiv beeinträchtigt wird. Auslöser der Panik kann ein Hund oder ein starkes Gewitter sein. Dazu kommt der Herdentrieb. Sobald sich die Leitkuh in Bewegung gesetzt hat, stürmen die anderen hinterher.

Lässt sich eine Kuh gern streicheln?
Ja, aber die Berührung darf nicht zu brüsk erfolgen. Der Wohlfühlabstand kann bei einer ängstlichen Kuh bis zu fünf Metern betragen. Man muss sich ihr langsam nähern, wenn man ihr Vertrauen gewinnen will. Es ist nicht ratsam, eine Kuh brüsk am Kopf zu streicheln. Es ist sowieso besser, eine Kuh nicht zu streicheln, sondern zu kratzen, und zwar am Schwanzansatz. Genau dort, wo es sie am ehesten beißt und juckt, kommt sie selber nämlich nur schlecht hin. Nachher sollte man das Bein hinunterfahren und versuchen, Richtung Euter weiterzumachen. Hebt die Kuh nun das Bein und signalisiert damit ihr Entgegenkommen, hat man alles richtig gemacht. Ähnlich erfolgreich handelt derjenige, der es via Rücken bis zu den Schultern und dem Hals schafft und die Kuh dazu bringt, ihren Kopf gen Himmel zu recken.

Reagieren Kühe auf Zurufe?
Ja, extrem gut sogar. Der Bauer kann seine Tiere drei Monate auf der Alp haben. Wenn er sie abholt und dabei auf eine Distanz von 300 Metern ruft, werden innerhalb von wenigen Minuten alle Tiere zu ihm kommen. Voraussetzung ist allerdings, dass sie seine Stimme und seine Art, zu rufen, kennen. Es gibt sogar Tiere, die auf ihren Namen reagieren.

Wie gut sehen Kühe?
Kühe haben die Augen seitlich am Kopf, daher sehen sie auch seitlich in beide Richtungen relativ gut. Was sich allerdings direkt vor ihrer Nase befindet, sehen sie wahrscheinlich nicht. Da haben sie einen toten Winkel. Sie können Konturen erkennen und Farben unterscheiden. Auf Gelb und Grün reagieren sie besonders

stark. Schnelle Wechsel vom Hellen ins Dunkle machen ihnen Mühe; haben sie sich aber einmal angepasst, sehen sie besser als wir. Das kommt ihnen nachts im Stall zugute.

Leiden Kühe unter Fliegen und Bremsen?
Teilweise schon. Bremsen, die ihnen direkt ins Fell stechen, setzen ihnen schon zu. Dann suchen Kühe Plätze, an denen sie ungestörter sind, beispielsweise im Schatten. Immerhin haben sie mit ihrem Schwanz eine wirksame Fliegenklatsche, mit der sie einen Großteil der Plaggeister vertreiben können. Zuweilen stellen sie sich »seitenverkehrt« nebeneinander hin und verscheuchen sich die Fliegen gegenseitig mit den Schwänzen. Und nicht zu vergessen die Ohren, mit denen sie sich die Fliegen aus den Augen wedeln.

Wie reagieren Kühe auf Hitze?
Das ist stark rasseabhängig. In Australien gibt es eine Rasse, Mary Grace, die auf Hitzebeständigkeit gezüchtet wurde. Mit ihrem silberweißen Fell sind die Kühe resistent gegen Sonnenbrand. Tiere, von denen große Leistungen und sehr viel Milch erwartet wird, reagieren empfindlicher auf Hitze. Die Hitze stresst sie, was sogar dazu führen kann, dass ihre Milch schlecht wird. Dexterkühe stammen aus Irland, sind also eher an nördliche Verhältnisse gewöhnt und daher nicht besonders hitzeresistent. Der Aufenthalt auf der Alp im Hochsommer tut ihnen gut; sie schätzen es auch, wenn es auf einer Weide genügend Bäume hat, die Schatten geben. Interessant ist, wie schnell sich ihr Fell dem Klima anpasst. Kommen die Tiere von der Alp zurück, auf der es schon im Herbst Temperaturen um null Grad geben kann, haben sie bereits ein Wollkleid.

Sieht man es Kühen an, wenn sie schwitzen?
Ja. Ihr Fell ist dann »pflotschnass«. Vor allem Bewegung treibt ihnen den Schweiß aus den Poren. Ein Stier, der drei, vier brünstige Kühe in der Herde hat, die er decken soll und will, braucht viel Kondition, um diese körperliche Leistung zu erbringen. Er wird unter Umständen so stark schwitzen, dass er den ganzen Tag nicht mehr trocken wird.

Frieren Kühe auch?
Selbstverständlich. Das erkennt man gut an ihrem Fell: Dann stehen ihre Haare zu Berge, sie richten sie regelrecht auf. Gleichzeitig suchen sie verstärkt den Körperkontakt innerhalb der Herde und stehen dicht beieinander, um sich gegenseitig zu wärmen. Mit der Zeit können sie sich allerdings auch an tiefere Temperaturen gewöhnen. Für sie liegt die Idealtemperatur bei 12,5 Grad Celsius.

Stehen Kühe gern im Regen?
Nicht unbedingt. Wenn eine Herde auf einer Wiese mit einem Zugang zum Stall weidet und es zu regnen beginnt, machen sich alle Tiere augenblicklich auf den Weg in den Stall. Sie merken auch, wenn eine Schlechtwetterperiode bevorsteht, und fressen auf Vorrat, damit sie an den Regentagen ihren Stall nicht verlassen müssen. Tiere, die im Freien bleiben müssen, suchen unter Bäumen Schutz. Kühe nehmen aber keinen Schaden, wenn sie verregnet werden.

Welche Bedeutung hat der Stall für eine Kuh?
Der Stall muss ihr Zuhause sein und ihr Geborgenheit und Sicherheit bieten. Ein Freilaufstall, in dem die Tiere mehr Bewe-

gungsfreiheit haben und selber entscheiden können, ob sie schlafen, liegen, fressen oder an die Sonne wollen, entspricht stärker ihren natürlichen Bedürfnissen und vermittelt ihnen letztlich mehr emotionalen Komfort als ein Anbindestall. Dies, obwohl sie größeren Unfallrisiken und Verletzungsgefahren ausgesetzt sind sowie dem Stress, in Rangkämpfe verwickelt zu werden. All das gibt es in Anbindeställen nicht oder nur eingeschränkt. Es ist aber unnatürlich, als Kuh den ganzen Tag angebunden zu sein.

Kehren Kühe gern in ihren Stall heim?
Ja, in einen guten Stall, der für sie Futter, Schutz vor dem Wetter und Aufgehobensein repräsentiert, schon. Kühe verfügen über ein gutes geografisches Gedächtnis und finden auch problemlos allein von der Weide zurück. In einem Anbindestall wissen sie selbst bei fünfzig anderen Tieren, wo ihr Platz ist.

Müssen Kühe im Stall bleiben, wenn es Schnee auf den Weiden hat?
Schnee ist eigentlich gut für die Klauen der Kühe, denn er reinigt sie. Gleichzeitig regt die Kälte deren Durchblutung an. Das entspricht der Wirkung eines Kneippbades. Problematisch wird es, wenn der Boden unter dem Schnee nicht gefroren ist. Dann würde eine Herde die Grasnarbe zu stark in Mitleidenschaft ziehen. Frisch gefallener Schnee kann insofern gefährlich sein, als dass die Kühe ausgleiten und stürzen können.

Welche Jahreszeit haben Kühe am liebsten?
Den Frühling. Dann sind die Temperaturen ideal für sie, und das Futterangebot ist am üppigsten und vitaminreichsten. Das junge Gras riecht fein und schmeckt super. Darum ist es von Vorteil, wenn Kühe den Frühling zunächst auf dem Heimbetrieb erleben

und ab Mitte Juni nochmals auf der Hochalp, wo frühlingshafte Verhältnisse herrschen.

Wann reißt einer Kuh der Geduldsfaden?
Schnell. Wenn der Bauer sie später als gewohnt füttert, beginnt sie auf der Stelle zu muhen und zu brüllen.

Kann eine Kuh wütend werden?
Sehr sogar. Wenn man ihr Junges bedroht oder es ihr gar wegnimmt, verteidigt sie es und wird wütend. Bereits eine Stunde nach der Geburt hat eine gute Mutterkuh eine Bindung zu ihrem Kalb aufgebaut und reagiert extrem böse, wenn sie sich bedroht fühlt.

Langweilt sich eine Kuh manchmal?
Nein, denn sie ist immer beschäftigt. Sie verbringt ihre Tage gemäß ihren Grundbedürfnissen mit drei Tätigkeiten. Nummer eins: Sie frisst, käut wieder, verdaut und ruht. Nummer zwei: Sie pflanzt sich fort. Nummer drei: Sie versucht, ihre Position in der Herde innerhalb der Rangordnung zu verbessern.

Wie viele Stunden pro Tag frisst eine Kuh?
Das lässt sich nicht so einfach beantworten, weil sie jederzeit Zugang zu Futter hat. Sicher ist: Von zwei bis sechs Uhr in der Früh fressen Kühe nur selten. Ansonsten sind sie ständig dran, wobei sie in kurzer Zeit viel Futter aufnehmen können, dann aber auch viel Zeit zum Wiederkäuen brauchen. Die Menge beläuft sich pro Tier und Tag auf zwölf bis vierzehn Kilo Trockensubstanz. Beim Heu beträgt der Anteil der Trockensubstanz gegen neunzig Prozent, bei jungem Gras sind es fünfzehn, bei älterem Gras

bis zu dreißig Prozent. Alles andere ist Wasser, was erklärt, warum die Tiere im Frühjahr und im Sommer auf der Weide wenig trinken.

Liegt es in der Natur einer Kuh, zu kämpfen?
In der Natur läge es schon, aber schwache Kühe räumen schnell das Feld. Sie sind in der Lage, ihre Chancen realistisch einzuschätzen. Eine Omega-Kuh wird niemals kämpfen.

Wie schlafen Kühe?
Kühe müssen viel liegen und ruhen. Schlaf brauchen sie aber wenig. Wenn sie einmal richtig wegtreten, passiert das nur, wenn sie sich innerhalb ihrer Herde geborgen fühlen. In der Wildnis werden Kühe nämlich oft zum Beutetier und können sich Schlaf gar nicht erlauben. Zur Erholung reichen ihnen Ruhephasen im Liegen, während deren sie wach bleiben und den Kopf oben behalten. Pferde können ein halbes Jahr ohne Schlaf leben – ohne sich hinzulegen. Der Körper einer Kuh ist so gebaut, dass sie mindestens phasenweise liegen muss, um zu überleben.

Pferde sind ausgesprochene Fluchttiere. Wie definiert man Kühe?
Eine Kuh ist sowohl Fluchttier als auch Kampftier. Anders als ein Pferd, dessen ganzer Körper auf schnelles Flüchten ausgerichtet ist, wird eine Kuh, wenn sie sich angegriffen fühlt, zum Kampftier, das sich verteidigt. Ein Braunbär hat keine Chance gegen eine Kuh, die 800 Kilo wiegt und über eine Gewalt verfügt, von der wir uns keine Vorstellung machen können. Wölfe hingegen sind gefährlich für sie. Sie gehen im Rudel auf Beutezug und greifen auf hinterhältige Art an. Solchen Attacken ist eine Kuh nicht gewachsen. Wenn sie noch in der Lage ist, flieht sie.

Was zeichnet Ehringer Kampfkühe aus?

Sie haben Mühe, sich unterzuordnen. Das führt zu einem extremen Drang nach Ausmarchung der Rangordnung. Das kann über Kämpfe laufen, manchmal reichen aber schon Gesten wie eine Kopfbewegung, die signalisiert:»Geh weg!« Weicht ein Tier dann aus, hat es verloren, während das Tier, das nichts macht, als stehen zu bleiben, zur Siegerin werden kann.

Könnte eine einzelne Kuh in der wilden Natur überleben?

Grundsätzlich schon. Die Gemeinschaft sucht sie in erster Linie, weil sie sich dort sicherer fühlt. Sobald sie ein Junges hat, bietet eine Herde diesem beispielsweise Schutz vor dem Wolf, indem die Tiere eine Art Wagenburg um das Kalb bilden und den Angreifer damit in Schach zu halten versuchen.

Sind wir Menschen den Kühen sympathisch?

Nein, im Grunde sind wir ihnen unsympathisch, weil wir mit unseren nach vorn gerichteten Augen über den Blick eines Raubtiers verfügen. Wenn wir dann auch noch von vorn kommend direkt auf sie zugehen, empfindet eine Kuh unser Verhalten als sehr aggressiv. Daher ist es viel gescheiter, wenn wir desinteressiert, mit abgewendetem Kopf und »ausgeschaltetem Raubtierblick« seitlich an ihr vorbeigehen.

Wie schnell kann eine Kuh laufen?

Schneller als der Mensch auf jeden Fall. Vor allem wenn sie in Panik gerät, bringt sie es für kurze Zeit auf 25, vielleicht sogar 30 Kilometer pro Stunde. Für eine Herde, die auf der Alp von einem heftigen Sommergewitter überrascht wird, kann eine solche Situation regelrecht gefährlich werden. Sobald die Leitkuh davonstiebt, heften sich die anderen an ihre Fersen. Bewegung provoziert Bewegung, mit dem Risiko, dass Tiere in dem unwegsamen Gelände stürzen und verunfallen.

Welche Laute geben Kühe von sich?
Sie rufen um Hilfe, plärren und muhen vor Hunger, Schmerzen, Ungeduld oder Trauer, etwa wenn sie eine Freundin vermissen oder ein Kalb seine Mutter vergeblich sucht. Stiere markieren: »Ich bin hier!« Ein erfahrener Bauer kann diese Laute bereits aus großer Distanz unterscheiden und deuten.

Was müssen Wanderer beachten, wenn sie durch eine Herde gehen?
Wenn möglich sollten sie aus Respekt einen Weg außerhalb der eingezäunten Weide nehmen. Ist das nicht möglich, sollten sie ruhig bleiben, keine Angst zeigen oder gar hysterisch reagieren. Nie frontal auf die Tiere zugehen, sondern seitlich mit möglichst viel Abstand. Sind Mutterkühe mit Kälbern in einer Herde, steigt die Gefahr. Auf keinen Fall darf man sich zwischen die beiden drängen. Generell muss man die Tiere beobachten und seiner Intuition vertrauen. Ist ein Stier dabei, der den Kopf nach unten hält, mit den Klauen scharrt und rumort, muss man diese Weide unbedingt meiden. Alles andere wäre lebensgefährlich. Auch Kühe signalisieren mit dem Senken des Kopfes, dass sie aggressiv sind und verteidigungsbereit. Der oft geäußerte Ratschlag, sich flach auf den Boden zu legen, ist nur dann sinnvoll, wenn der Angriff noch nicht rollt. Ein Stier im Angriffsmodus tritt einem vor ihm liegenden Menschen mit beiden Vorderbeinen und seinem ganzen Gewicht, das mehr als eine Tonne betragen kann, auf den Brustkorb und zerdrückt ihm das Herz.

Wann können die eigenen Kühe einem Bauern gefährlich werden?
Bei der Haltung von Mutterkühen ist es entscheidend, dass ein
Bauer die frischgebackene Mutter und ihr Kälbchen in den ersten
Tagen nach der Geburt, der sogenannten Prägungsphase, in Ruhe
lässt, damit zwischen den beiden eine möglichst starke Einheit
entsteht. Respektiert er dieses Bedürfnis nicht, kann die Kuh ihn
unter Umständen angreifen. Nun kann es zu Situationen kommen, die sein Eingreifen zwingend erfordern. Ein Beispiel: Die
Fruchtblase ist nicht aufgeplatzt und hindert das Neugeborene am
Atmen. Wenn die Kuh es nicht schafft, sie mit ihrer rauen Zunge
selber zu öffnen, muss der Bauer helfen. Er ist allerdings gut beraten, wenn er sich dem Paar behutsam nähert, die Mutter freundlich
anspricht, ihr dankt, sie lobt für die tolle Geburt und das schöne
Kalb. Oft entspannt sich die Lage dann, und sie merkt, dass sie
dem Bauern trauen und ihn an ihr Junges heranlassen kann.

Wie gefährlich ist ein Stier?
Ein Stier ist an sich nicht gefährlicher als eine Kuh. Spürt er aller-
dings Angst auf Seiten des Bauern, fühlt er sich überlegen und
kann unberechenbar werden. Wenn ein Stier auf einen fremden
Hof kommt, ist es wichtig, dass der Bauer ihm mit Stimme,
Lautstärke und Körpersprache signalisiert: »Hier bin ich der
Chef. Ich stelle etwas dar.« Man braucht eine gute, klare, aber
nicht zu intime Beziehung zum Stier. Förderlich ist, wenn man
ihn hin und wieder am Schwanzansatz oder direkt hinter dem
Hals kratzt; damit schmeichelt man ihm und tut ihm wohl.
Trotzdem wäre es verfehlt, einen Stier zum Schoßhündchen zu
machen, mit dem man spielen möchte. Was man auf keinen Fall
tun darf: ihm während der Deckzeit das Gefühl vermitteln, man
mache ihm seine »Geliebte« streitig oder nehme sie ihm gar weg.

Kann eine Kuh für den Bauern zum Ärgernis werden?
Ja, Kühe können nerven, wenn sie blöde Marotten entwickeln. Es gibt Kühe, die sich aus unerfindlichen Gründen immer wieder in den Dreck legen. Entdeckt der Tierschutz eine schmutzige Kuh, kann er dem Bauern einen Strick daraus drehen. Im schlimmsten Fall lässt der Bauer ein solches Tier schlachten. Unangenehm ist auch, wenn eine Kuh dauernd grundlos brüllt. Oder wenn sie sich das Futter über den Rücken wirft, weil es sie an einer Stelle juckt – oder ständig mit der Zunge spielt, statt wiederzukäuen. Solche Angewohnheiten sind dann besonders ärgerlich für den Bauern, wenn sie ihm wirtschaftlichen Schaden zufügen. Eine Kuh, die nicht schön wiederkäut, wird eine geringere tägliche Gewichtszunahme aufweisen und damit seinen Ertrag schmälern.

Können Kühe ihr Kalb immer ohne fremde Hilfe gebären?
Die meisten können das. Auf dem Bielenhof sind es etwa 95 Prozent. Hilfe ist erforderlich, wenn das Kalb falsch liegt und zuerst mit den Hinterbeinen auf die Welt kommt. Dann besteht nämlich die Gefahr, dass der Kopf in der Vagina stecken bleibt und das Neugeborene erstickt. In diesem Fall beschleunigt der Bauer die Geburt, indem er den Geburtskanal mit Gleitcreme oder Murmeltierfett weitet und das Kleine sofort ganz herauszieht, wenn sein Becken da ist. Bei zu engen Geburtskanälen braucht es Geduld und viel Zeit. Manchmal muss der Bauer auch mit den Händen nachhelfen. Der sogenannte Hundshock ist ein anderes, aber sehr seltenes Lageproblem: Da drängt das Kalb mit dem Hintern auf die Welt, und der Bauer muss versuchen, die Beine des Jungtiers zuerst in den Geburtskanal zu drücken. Dabei muss er darauf achten, dass die Klauen die Gebärmutter nicht verletzen.

Macht man bei Kühen auch einen Kaiserschnitt?

Das kommt vor, entweder wenn das Kalb zu groß ist oder die Mutter einen zu engen Geburtskanal hat. Dazu braucht es den Tierarzt. Er schneidet der stehenden Kuh unter lokaler Betäubung den Bauch auf. Für den Bauern ist ein Kaiserschnitt aber nicht wirtschaftlich. Er rettet damit zwar im besten Fall Kuh und Kalb, verliert aber die Kuh unter Umständen für seine weitere Zucht, weil nach einem Kaiserschnitt nur rund 75 Prozent nochmals trächtig werden. Lässt er die trächtige Kuh im Schlachthof notschlachten, kann er ihr Fleisch verkaufen und kehrt im besten Fall mit dem lebendigen Kalb nach Hause zurück.

Kommt es bei Kühen zu Mehrlingsschwangerschaften?

Hin und wieder gibt es Zwillinge, äußerst selten auch mal Drillinge. Zwillinge kann eine Kuh natürlich gebären. Sie hat auch die Kapazität, sich um zwei Kälber zu kümmern, gerät aber schneller in Stress. Schließlich muss sie zwei Junge beschützen und verteidigen, für zwei Milch geben, und das rund ein Jahr lang.

Woran erkennt der Bauer, dass der Geburtstermin bevorsteht?

Das Euter der trächtigen Kuh wird größer. Ebenso ihre Vagina – der Fachbegriff dafür heißt »Zucht«. Sie wird weich und schlabbrig und sondert kurz vor der Geburt dicken Schleim ab, der aus der Gebärmutter stammt.

Wie lange dauert eine Geburt?

Das reicht von der schnellen Sturzgeburt bis zu sechsstündigen Marathongeburten.

Wo gebiert eine Kuh im Normalfall?
In der Natur sondern sich die Kühe von der Herde ab, um sich der Geburt an einem ruhigen Ort ungestört widmen zu können. Auf einem Hof gibt es in der Regel einen Geburts- oder Kreißsaal, die sogenannte Abkalbebox. Dort ist die Gebärende frei von Stress; sie kann sich entspannen, hinlegen, wieder aufstehen und gut auf die Zeichen ihres Körpers hören. Sie findet auch die nötige Ruhe, um spätestens acht Stunden nach der Niederkunft die Nachgeburt zu bekommen. Bleibt diese aus, braucht es die Hilfe des Tierarztes.

Wie stark leiden Kühe während der Geburt unter Schmerzen?
Das ist sehr unterschiedlich. Die einen scheinen überhaupt keine Schmerzen zu haben, andere erleiden Höllenqualen. Wenn es ganz schlimm wird, plärren sie lauthals. Alle Gebärenden atmen tief und grochsen dazu, weil sie viel mehr Luft als sonst brauchen. Nach einer strengen Geburt hat eine Kuh erhöhte Körpertemperatur und ist total erschöpft.

Wie viele Kälber kann eine Kuh im Laufe ihres Lebens haben?
Das ist abhängig von der Rasse. Dexterkühe liegen mit zehn bis zwölf weit vorn. Den Weltrekord hält eine 49-jährige Dexterkuh in Irland, die 28 Kälber auf die Welt brachte und zuletzt ihr Gnadenbrot fressen durfte. Im Gegensatz dazu ist die Nutzungsdauer einer klassischen Milchkuh mit durchschnittlich zweieinhalb Jahren beschränkt; entsprechend kurz ist ihre Lebenserwartung. Unsere älteste Kuh ist dreizehn Jahre alt. Sie hatte schon elf Kälbchen und ist ein topfittes, starkes Zuchttier, von dem wir mindestens noch fünf Jungtiere erwarten.

Wie lange ist ein Stier zeugungsfähig?
Sehr lange. Egal, ob er zehn Jahre alt ist oder mehr, seine Samen-qualität nimmt nur langsam ab. Entscheidend ist, ob er noch die Kraft hat, eine Kuh zu bespringen. Als Bauer muss man sich aber auch fragen, ob man aus Gründen der Blutauffrischung auf an-dere, jüngere Stiere setzen soll. Primär möchte man die Zucht-qualität innerhalb der Herde steigern.

Wie viele Sprünge kann ein Stier pro Tag ausführen?
Es kann sein, dass er in der Decksaison ein, zwei Tage lang alle halbe Stunde eine Kuh bespringt. Das ist Hochleistungssport. Ein Stier, der so intensiv in der Zucht eingesetzt wird, kann täg-lich bis zu einem Kilogramm Gewicht verlieren.

Warum haben Stiere so gekrauste Hals- und Nackenhaare?
Die Halskrause ist vergleichbar mit der Mähne des Löwen und eine Folge des männlichen Hormons Testosteron. Dieses fördert auch die starke Ausbildung des Genicks und sorgt dafür, dass der Schädel des männlichen Tiers kantiger und kompakter ist und seine Stirn sehr viel breiter. Stierenkälber, die früh kastriert wer-den, entwickeln nie diese Kopfform.

Zeigen Kühe erkennbar Interesse daran, besprungen zu werden?
Ja, aber nur während der Brunst. Dann ist ihre körperliche Akti-vität hormonell bedingt insgesamt größer, sie zeigen viel Auf-merksamkeit für andere Kühe und den Stier und bespringen auch selber andere Tiere. Es kann sogar passieren, dass eine Kuh dem Bauern aufzuhocken versucht, wenn er sich vor ihr bückt; da muss er sich rechtzeitig in Sicherheit bringen. Brünstige Kühe reagieren auf den sogenannten Türbogeneffekt. Alles, was diese

Form aufweist, das Hinterteil einer anderen Kuh, eines Esels, Pferdes, ein mit Leder gepolsterter Eisenbock und eben auch der gebückte Bauer spricht ihre Triebe an. Wie groß die während der Brunst sein müssen, zeigt sich auch daran, dass sich die Stiere über Unfallgefahren hinwegsetzen und selbst auf glitschigem Gelände zum Sprung ansetzen. Außerdem steht eine brünstige Kuh bockstill, wenn der Stier sie besteigt. Das würde sie in allen anderen Phasen des Zyklus niemals machen.

Kühe wollen also Mutter werden?
Unbedingt. Die Reproduktion muss weitergehen. Es ist der Plan des Lebens, sich zu vermehren. Kühe erfüllen ihre Aufgabe als Mutter gern und gut. Sie verteidigen ihr Kalb im Extremfall sogar mit dem eigenen Leben.

Wie viel Geld büßt der Bauer ein, wenn eine Kuh eine Fehlgeburt erleidet?
Ein Kalb bringt ihm einen jährlichen Umsatz von tausend Franken. Stirbt ein Jungtier, fehlt dieses Geld in der Kasse. Also müssen die Gene der Kuh so wertvoll sein, dass der Bauer sie ein Jahr lang ohne Ertrag durchfüttert. Wenn er sie schlachten lässt, verdient er zwischen 1000 und 1500 Franken.

Was erwartet der Bauer von einem Kalb?
Dass es einen guten Charakter hat und gute Umgangsformen. Es sollte neugierig sein, zugänglich, aber nicht zu wild. Nach einem Jahr sollte es die Größe eines Muttertiers erreicht haben.

Was macht der Bauer mit seinen Stierenkälbern?
Ein erfahrener Bauer kann relativ schnell beurteilen, ob sich ein

Stierenkalb für die Zucht eignet oder für die Fleischproduktion. Die männlichen Kälber, deren Samen er nicht nutzen will, lässt der Bauer früh kastrieren. Wir machen das mit ein bis zwei Monaten. Unter Vollnarkose wird dem Tier ein Gummiring um die Hoden gebunden, der die Blutzufuhr unterbricht. Danach können sich die jungen Ochsen ungehindert in der Herde bewegen und dürfen mit den anderen im Sommer auch auf die Alp.

Wann ist das Rindvieh geschlechtsreif?
Dexterkühe sind früh geschlechtsreif. Bereits ein vier bis sechs Monate altes Kuhkalb kann geschlechtsreif sein und darf dann nicht in die Nähe eines Stiers kommen. Auf dem Bielenhof werden Kühe erst mit fünfzehn Monaten gedeckt, sodass sie mit 24 Monaten erstmals kalbern. Andere Rassen wie Galloway oder Scottish Highland sind mit 36 Monaten deutlich später dran.

Was macht der Bauer mit Kühen, die er nicht mehr für die Reproduktion nutzen kann?
Die lässt er schlachten. Nehmen wir das Beispiel einer zwölfjährigen Dexterkuh vom Bielenhof. Die wird zu Salami, Hauswürsten und Trockenfleisch verarbeitet, dem Urner Pendant zum Bündnerfleisch. Aber auch Edelstücke wie Filet und Entrecôte lassen sich trotz dem Alter des Tieres immer noch grilliert oder gekocht essen.

Was versteht man unter Siedfleisch?
Muskelfleisch, das von Fett und Bindegewebe durchzogen ist. Es ist sowohl bei einjährigen Tieren wie bei zwölfjährigen nutzbar und hat viel Geschmack. Am besten wird es, wenn man es mit Salz, Pfeffer, Knoblauch und einer Prise braunem Zucker ein-

reibt, vakuumiert und bei Temperaturen von zwei bis vier Grad Celsius zwei bis drei Wochen lagert.

Wie alt sind die Rinder, deren Fleisch wir essen?
Auf dem Bielenhof sind es ein- bis allerhöchstens anderthalbjährige Tiere. Ab diesem Zeitpunkt macht das Fleisch eine Veränderung durch; seine Zartheit nimmt ab. Am zartesten ist natürlich das Kalbfleisch, das allerdings auch seinen Preis hat.

Welche Kühe sind besonders mager?
Jene, die auf eine große Milchleistung gezüchtet sind. Heute gibt es Hochleistungskühe, die jährlich bis zu 12 000 Liter Milch liefern. Je größer die Milchproduktion, umso geringer die Fleischentwicklung und umso magerer ein Tier: Es nutzt alle Kalorien, die es aufnimmt, für die Milchproduktion.

Was versteht man unter Intensivmast?
Das ist die konventionelle Fleischproduktion industrieller Art: möglichst schnell möglichst viel Ertrag unter Einsatz von Hilfsmitteln wie Antibiotika, im Ausland auch Hormonen. In der Schweizer Kälbermast gewährt man den Tieren freien Zugang zu Milch oder Milchersatzprodukten, deren Schmackhaftigkeit man mit Aromastoffen steigert und deren Kalorienkonzentration erhöht. Mehr als fünfzehn Liter Milch säuft kein Kalb pro Tag, also muss der einzelne Liter nährstoffreicher werden. Antibiotika braucht es, um die Tiere, die an ihre Leistungsgrenzen stoßen und damit anfälliger für Krankheiten werden, gesund zu halten. Beträgt das Schlachtgewicht eines einjährigen Dexterkalbs vom Bielenhof 100 Kilogramm, bringt ein Mastkalb bereits nach vier bis fünf Monaten 130 Kilo auf die Waage.

Frisst eine Kuh Fleisch?

Einmal pro Jahr frisst sie tatsächlich Fleisch: Wenn sie geboren hat, verschlingt sie die mehrere Kilogramm schwere Nachgeburt. Dass sie als Pflanzenfresserin Fleisch verdauen kann, liegt daran, dass in ihrem Pansen rund 400 verschiedene Arten von Mikroorganismen (Eiweißverbindungen) vorkommen, die sich von den Pflanzen ernähren, die die Kuh gefressen hat. Sobald die Mikroorganismen absterben, ist die Kuh in der Lage, sie zu verdauen. Darum kann sie auch die Nachgeburt verdauen.

Wozu braucht eine Kuh ihre Zunge?

Die Zunge ist ein starker, rund 35 Zentimeter langer Muskel. Sie ist rau wie Schmirgelpapier. Ihre Aufgaben sind vielfältig: Sie verteilt das Futter, das die Kuh wiederkäut, im Maul. Sie hilft auch mit, das Futter zum Wiederkäuen hochzuwürgen. Sie ist wichtig beim Schlucken, aber sie dient auch zum Naseputzen und In-der-Nase-Bohren. Mithilfe der Zunge schließt ein Tier Freundschaften, und es schleckt damit seine Freundinnen ab. Und es kratzt sich mit der Zunge an allen Körperstellen, die es erreichen kann. Für eine Kuh ist die Zunge so wichtig wie für uns Menschen die Hände.

Sind die Hörner einer Kuh überflüssig?

Im Grunde braucht eine Kuh keine Hörner, sonst gäbe es keine genetisch hornlosen Rassen wie die Angusrinder. Im Verlauf der Evolution hat sich aber gezeigt, dass sich der behornte Bulle besser durchsetzen kann. Die Hörner sind seine Waffe, die ihm Macht verleiht und Zutritt zur Kuh verschafft. Heute gehören Hörner aus ästhetischen Gründen wieder dazu, obwohl die Verletzungsgefahr unter den Tieren, aber auch für den Bauern zunimmt. Wegen meiner Behinderung bin ich besonders darauf angewiesen, dass meine Tiere keine Hörner haben und ich mich nicht einem zusätzlichen Verletzungsrisiko aussetze. Darum enthornt der Tierarzt meine Kälber, indem er sie für acht Minuten in Vollnarkose versetzt, mit einem heißen Draht die Kopfhaut durchsticht und damit das Wachstum der Hörner stoppt. Gleichzeitig versuche ich, hornlose Tiere zu züchten, was mir bisher bei rund fünf Prozent meiner Herde gelungen ist. Mein Ziel ist es, bis in zehn Jahren fünfzig Prozent zu erreichen. Vorhandene Hörner abzusägen, was einer Amputation gleichkommt, finde ich schrecklich.

Wie und wo können Kühe verunfallen?
Kühe verunfallen am häufigsten auf der Alp. Entweder ist es zu nass auf der Weide, und sie rutschen aus, oder der Boden ist zu trocken und bietet ihnen zu wenig Halt. Dazu kommen Steinschläge, aber auch Gewitter; sie können beispielsweise vom Blitz getroffen werden. Aber auch im Stall sind Unfälle möglich. Kühe können sich an Geräten verletzen, über ein Eisengitter stolpern oder auf glitschigem Untergrund stürzen. In der Brunstperiode sind die Gefahren doppelt groß, weil die Kühe außergewöhnlich aktiv sind.

Welches sind die bedrohlichsten Krankheiten für Kühe?
Vor Tierseuchen wie der Maul- und Klauenseuche haben die Bauern noch heute am meisten Angst. In der Schweiz gibt es sie zwar nicht mehr, aber weltweit ist sie noch nicht ausgerottet. Das hochansteckende Virus kann eine ganze Herde killen. Es überträgt sich von Tier zu Tier, aber auch über den Menschen. Abgesehen davon, machen den Bauern noch verschiedene Stoffwech-

selstörungen ihrer Tiere zu schaffen. Feststellen lassen sie sich zum Beispiel am Kalziumgehalt des Bluts. Sinkt dieser rapide, kann eine betroffene Kuh ins Koma fallen und sterben. Um dies zu verhindern, verabreicht man ihr oral ein Kalziumkonzentrat. In akuten Fällen muss der Tierarzt mit Blaulicht anrücken und übers Blut einen Einlauf machen.

Sind Kälber besonders gefährdet?
Ein Kalb wird kurz nach seiner Geburt durch die Aufnahme von Kolostrum passiv geimpft. Die sogenannte Biestmilch ist voller Antikörper. Sein eigenes Immunsystem beginnt erst nach vier bis sechs Wochen zu arbeiten. In der Übergangsphase erleidet das Tier vorübergehend eine Art Immunschwäche und ist in besonderem Maß Infektionsrisiken ausgesetzt. Klassische Erkrankungen, die dann drohen, sind Durchfall und Lungenentzündungen, beides wird viral übertragen.

Stört Kühe die Glocke an ihrem Hals?
Wenn sie groß ist, schon. An kleinere gewöhnen sich die Tiere innerhalb von einem Tag. Sie kennen die unterschiedlichen Töne und können sie voneinander unterscheiden. Glocken sind vor allem auf der Alp wichtig, damit man Tiere wiederfindet, die verloren gegangen sind. Im Stall tragen höchstens ältere Tiere eine Glocke, bei Jungtieren im Wachstum verzichtet man darauf – aus Angst, der Riemen an ihrem Hals könne zu eng werden.

Wie hält ein Bauer Dutzende von Tieren auseinander?
Sogar auf weite Distanzen erkennt er jedes einzelne an Körperbau, Gang, Stellung der Beine, Haarkleid, Farbe des Fells, Kopfform und Gesichtsausdruck.

Haben alle Kühe einen Namen?
Auf dem Bielenhof, wo bei Vollbestand bis zu 150 Tiere leben, bekommen alle einen Namen. Um die Orientierung zu erleichtern, deckt sich der Anfangsbuchstabe des Kälbernamens mit dem des Vaters: Radislis Vater heißt Randers. Bei der Namenssuche werden Freunde und Verwandte miteinbezogen, auch über Facebook lassen sich Vorschläge sammeln, oder Kunden äußern Vorlieben.

Was versteht man unter einem Kuhflüsterer?
Kuhflüsterer, die etwas taugen, sind Menschen, die Kühe sehr gut kennen und wissen, wie die Kommunikation von und mit Kühen funktioniert. Sie haben ein starkes Gespür für die Wohlfühlzone der Tiere und vermitteln unter anderem auch Bauern, wie sie damit in ihrer täglichen Arbeit umgehen müssen.

Wie kann man eine Kuh belohnen?
Mit einem Apfel, etwas Süßem oder einem Stück Brot. Besonders gern haben sie Sachen, die Stärke enthalten wie Brot oder Getreide.

Liebesgeschichten

An einem sonnigen Herbstmorgen fährt Wisi mit dem Auto zu einer seiner Weiden und hält direkt neben dem Zaun. Er steigt aus, wirft einen Blick über das Gelände und ruft wiederholt: »Senn! Senn!« Nach geraumer Zeit löst sich ein Stier aus der Herde. Schwarz, kompakt, mit gedrungenem Schädel und dicht gekraustem Nackenhaar trottet er gemächlich auf seinen Meister zu. Wisi betritt die Weide und begrüßt Senn mit freundlichen Worten. An diesem Morgen trägt er seine Prothese, mit deren Haken er dem Stier kräftig über den Nacken und den Rücken fährt. Der hält still, offenbar genießt er die Berührungen. Wisi nickt zufrieden: »Alles in Ordnung.«

Unter den Hunderten von Tieren, die auf dem Bielenhof gelebt haben und leben, gibt es einzelne, zu denen Wisi eine stärkere, emotionalere Beziehung hat als zu anderen. Sei es, weil sie einen ausgeprägten Charakter haben, weil sie über ein besonderes Zuchtpotenzial verfügen, oder weil er mit ihnen eine spezielle Geschichte erlebt hat, dank der sie ihm besonders ans Herz gewachsen sind.

Der fünfjährige Senn ist so ein Tier. Wisi sagt: »Er verfügt über charakterliche und körperliche Vorzüge, die man selten antrifft.« Er sei schön, leistungsstark und pflegeleicht. Dann erzählt er die wechselvolle Geschichte, die mit Senns Mutter beginnt, der inzwischen zwölfjährigen Dexterkuh Falk aus Dänemark. Sie sei ein Unikum, für das er ambivalente Gefühle empfinde. Falk bringe Jahr für Jahr ein Kalb mit einem exzellenten Körperbau und hervorragenden Genen zur Welt. Darunter das schöne Radisli, das an der Swissopen 2015 als Rassesiegerin prämiert wurde. Noch nie habe sie eine Fehlgeburt erlitten. Sie sei eine außergewöhnlich fürsorgliche Mutter, die ihr Junges jeweils geradezu aggressiv verteidige. Das ist an sich eine große Qualität, birgt aber sogar für Wisi Gefahren: In den ersten Monaten nach der Niederkunft darf er sich ihr nur vorsichtig nähern. In dieser Zeit würde er sie auch nicht auf eine Weide lassen, die Wanderer überqueren.

Falk reagiert seit jeher mit Ablehnung auf Menschen und lässt sich von niemandem streicheln. Was sie entgegennimmt, ist Futter, Wasser und ein Dach über dem Kopf. Auch dem Senn auf der Alp macht sie das Leben schwer, weil sie als Leitkuh und Chefin in Personalunion viel Einfluss auf die Herde hat und seine Anweisungen mitunter gezielt missachtet. Will er mit den Tieren die Weide wechseln, führt sie die Gruppe auch mal in die entgegengesetzte Richtung. Wisi seufzt. Falk sei störrisch und eigenwillig wie viele dänische Tiere. Er vermutet, dass sie oft auf weitläufigen Weiden aufgezogen werden, ohne regelmäßigen Kontakt mit Menschen, was die Ausbildung schlechter Manieren begünstige. Eine besonders unangenehme Angewohnheit sei ihr ständiges Plärren und Muhen. »Wäre sie nicht so eine tolle Mutter, hätte ich sie schon lange schlachten lassen.« Verkaufen könne man sie in ihrem Alter und mit solchen Marotten kaum noch.

Als Falk noch jung war, gerade ihr erstes Kalb geboren hatte und ihre Zuchtqualitäten deutlich zutage traten, hatte Alois ein unglaubliches Angebot auf dem Tisch. Ein Bauer war bereit, 7000 Franken für das besondere Tier zu zahlen. Wisi war empört, dass sich sein Vater diese Chance entgehen ließ und ablehnte. Im Nachhinein gibt er zu, dass »der Dädi« richtig entschieden habe. »Als Zuchttier ist Falk für uns viel mehr wert.«

Um ihr Potenzial noch besser auszuschöpfen, hielt Alois eines Tages Ausschau nach einem Stier mit fremdem Erbgut. Von der Blutauffrischung versprach er sich eine zusätzliche Qualitätssteigerung. Bei Swissgenetics, einem Unternehmen für Samenproduktion und Spermaimport, wurde er fündig. Er kaufte zehn Dosen des englischen Zuchtstiers Sultan und ließ zehn seiner Kühe, darunter Falk, künstlich besamen. Falk brachte ein Stierenkalb auf die Welt, das Wisi Senn nannte. Schon kurz nach der Geburt war er überzeugt, einen Zuchtstier mit ungewöhnlichem Potenzial vor sich zu haben. Senn entwickelte sich perfekt, setzte im Verlauf des ersten Jahres viel Masse an, hatte einen exzellenten Körperbau und verhielt sich seinem Besitzer gegenüber respektvoll.

Wisi war mehr als zufrieden, zumal ihm ein Experte vom Verband Mutterkuh Schweiz beste Zuchtqualitäten bescheinigte. Senn zeigte sich motiviert, seine Aufgabe zu erfüllen. Er besprang die brünstigen Kühe energiegeladen und mit Freude. Von einem Tag auf den anderen lahmte er jedoch; sein rechtes Vorderbein tat ihm offensichtlich weh. Dessen ungeachtet, deckte der Jungstier weitere Kühe. Am folgenden Tag wurde es noch schlimmer, und Wisi ließ den Tierarzt kommen.

Dieser stellte eine Verletzung der Klaue fest, verursacht von einem metallenen Fremdkörper. Um ein Haar wäre das Klauenbein in Mitleidenschaft gezogen worden, was eine Notschlachtung zur Folge gehabt hätte. »Wäre dieser wichtige Knochen kaputt gewesen«, sagt Wisi, »hätte keine Aussicht auf Heilung bestanden.« So aber konnte der Tierarzt die Infektion behandeln, die bereits zu einer Schwellung geführt hatte.

Wisi und sein Vater separierten den Patienten während zehn Tagen von der Herde und brachten ihn in einer Spezialbox unter. Dort badeten sie seine Klaue täglich in einer Jodlösung und legten ihm frische Verbände an, bis die Verletzung ausgeheilt war.

In dieser Zeit, erinnert sich Wisi, sei die spezielle Beziehung zu Senn entstanden. »Er merkte, dass ich ihm half und dass er ohne meine Hilfe gestorben wäre.« Diese Erfahrung erlaubte es dem Stier, Vertrauen zu den Menschen zu entwickeln, aber gleichwohl den nötigen Respekt zu bewahren. Wisi sagt: »Zwischen uns stimmt es einfach.«

Inzwischen hat der fünfjährige Senn einen Nacken, so breit wie eine Schubkarre. Den Sommer verbringt er jeweils auf anderen Höfen, wo er für Kost, Logis und ein bescheidenes Entgelt zum Decken eingesetzt wird: Für jede trächtige Kuh gibt es zwanzig Franken. Die Bauern loben seinen umgänglichen Charakter und schätzen seine Zuchtqualitäten. Wirft man einen Blick auf sein Leistungsblatt, erfährt man, dass Senn bis zum 10. November 2015 nicht weniger als 95 registrierte Nachkommen gezeugt hat. Das sei eine gute Quote, sagt Wisi, insbesondere für einen Stier, der mittels Natursprung decke und nicht als Samenspender eingesetzt werde. Er habe noch gut und gern fünf produktive Jahre vor sich.

Dessen ungeachtet, plant er, Senn zu verkaufen. Ersetzen soll ihn Stern, ein Sohn von Senn, der über mindestens so viel Potenzial verfüge und dank seiner Jugend noch größere Zuchtfortschritte als sein Vater erwarten lasse. Würde er beide Tiere auf seinem Hof einsetzen, stiege die Inzuchtgefahr erheblich. Doch auch der Verkauf von Senn ist nicht ganz einfach, weil der Samen seines Erzeugers Sultan von Swissgenetics in der ganzen Schweiz verkauft worden ist. Wisi seufzt. Es fällt ihm nicht leicht, seinen Lieblingsstier wegzugeben. Schon im Vorjahr hatte er sich von einem Prachtexemplar trennen müssen – von Sieger, auch er ein Nachkomme von Senn. Sein Verkauf brachte 3000 Franken ein. Wisi zögert. Er werde Senn erst weggeben, wenn sich Stern als ebenbürtiger Nachfolger erwiesen habe.

Beziehungen von solcher Innigkeit sind die Ausnahme auf einem Hof, auf dem mehrere Dutzend Tiere leben. »Wenn ich alle so gernhätte wie Senn«, sagt Wisi, »könnte ich kein einziges mehr schlachten.« Nicht zuletzt zum Selbstschutz bewahre man zu seiner Herde eine gewisse Distanz.

Schon als Bub machte Wisi die Erfahrung, wie schmerzhaft die Trennung von einem Tier sein kann. Er und seine drei Schwestern mussten regelmäßig auf dem Hof helfen, insbesondere auch im Stall. Dabei kamen sie mit den Tieren in Kontakt und lernten diese kennen. Sie merkten, dass es zutrauliche Kühe gab, die sie abschleckten und damit ihre Zuneigung zeigten, wenn sie ihnen Futter gaben und sich auf den Krippenrand setzten. Andere stießen sie weg.

Eines Tages forderte der Vater Wisi auf, sich eine Lieblingskuh auszuwählen. Die gehöre dann ihm. Der Bub war begeistert und entschied sich auf der Stelle für Mädi, eine eher klein gewachsene mittelbraune Kuh, die im Verhältnis zu ihrem Gewicht sehr viel Milch gab und noch dazu fett- und eiweißreiche. Mädi sei zwar effizient, aber aus heutiger Sicht eindeutig zu klein gewesen, erklärt Wisi. In den letzten dreißig Jahren seien die Tiere massiv gewachsen, was eine Folge gezielter Zuchtanstrengungen sei; eine wie Mädi würde heute als »Zwerg« gelten.

Wisi fand anderes wichtiger. Er war fasziniert von der Beziehung, die er zur Kuh aufbauen konnte, und fand es großartig, wenn sie sich ihm näherte, an ihm schnupperte und es genoss, wenn er sie streichelte. Er war überzeugt, dass sie ihn nur schon an seiner Silhouette erkannte.

Im Frühsommer ließ der Vater die Herde jeweils auf die Nachtweide hinaus, wo angenehme Temperaturen herrschten. Die Wiese war flach und barg eigentlich keine Gefahren. Doch eines Morgens, der kleine Wisi war gerade dabei, sich anzuziehen, kam sein Vater ins Haus und teilte der Familie mit, dass sich Mädi das Bein gebrochen habe; sie könne sich kaum auf ihren gesunden drei Beinen halten. Als er die Tiere in den Stall getrieben habe, um sie zu melken, sei sie als Einzige auf der Weide zurückgeblieben. Wisi rannte zu ihr und brach in Tränen aus. Es rührte ihn, dass sie trotz offensichtlicher Schmerzen den Kopf senkte und ihm erlaubte, sie zu streicheln. »Sie hat realisiert, dass es zu Ende geht, und sich von mir verabschiedet.«

Sein Vater lud Mädi in den Viehtransporter und fuhr mit ihr die drei Kilometer zum Notschlachthaus in Erstfeld. Heute würde man das nicht mehr so machen. Der Tierschutz verlangt, dass ein verletztes Tier vor Ort eingeschläfert oder sein Bein vor dem Transport zumindest geschient wird.

Wisi war unendlich traurig. Den Moment, in dem sie allein auf der Weide stand und ihre Haare aufrichtete, ein Zeichen, mit dem sie schon immer ihr Unwohlsein zum Ausdruck gebracht hatte, vergaß der Bub nie. Nach Mädis Tod wusste er nicht mehr, warum er überhaupt noch in den Stall gehen sollte. Kein anderes Tier würde ihm jemals so viel bedeuten wie sie. »Es ist wie in einer Liebesbeziehung«, sagt Wisi, »man braucht Zeit, um einen solchen Verlust zu verdauen.«

Doch das Leben geht weiter. Irgendwann merkte Wisi, dass ihm auch andere Kühe gut gefielen. An Jinx erinnert er sich besonders gern. Sie war zum ersten Mal trächtig und ließ Zgraggens auf ein exzellentes Kalb hoffen. Wisi war angetan von ihrer Schönheit: Rücken, Beine, Gelenke, Klauen, ihre Größe und die Tiefe ihres Bauchs – alles perfekt. Dazu hatte sie ein tolles Euter, schön lang, schön am Unterleib aufgehängt, mit gut sichtbaren Blutgefäßen und Zitzen, deren Form und Stellung nichts zu wünschen übrig ließen. Mit einem Wort: eine Kuh ohne Fehl und Tadel.

Wisi, damals zwanzig, war Mitglied des Jungzüchtervereins Uri. Er meldete Jinx für die kantonale Vorausscheidung der Junior-Expo an. Die Konkurrenz reizte ihn. Denn viele Urner Jungbauern würden mit ihren schönsten Tieren nach Altdorf kommen und um die beiden Plätze wetteifern.

Er begann, intensiv mit Jinx zu trainieren. Sie musste lernen, am Halfter zu gehen, sich seinem Tempo anzupassen und bei Bedarf stehen zu bleiben. Sie durfte nicht schreckhaft reagieren, wenn plötzlich der Lautsprecher erklang oder das Orchester zu spielen begann. Um dieses Ziel zu erreichen, brauchte Wisi viel Zeit und Ruhe. Es musste ihm gelingen, Jinx so viel Vertrauen zu vermitteln, dass sie sich von ihm beschützt fühlte und ihm dann nahezu blindlings folgte. Am Anfang hatte sie überhaupt keine Lust, sich seinem Regime zu unterwerfen. Während eines Trainings trat sie ihm sogar auf den Fuß und brach ihm die kleine Zehe. Das habe sie natürlich nicht absichtlich gemacht, nimmt Wisi sie in Schutz, man dürfe das einem Tier nicht übel nehmen. Immerhin, seine wochenlange Geduld mit täglichen Übungsstunden wurde belohnt: Jinx parierte immer besser.

Damit sie möglichst gut aussah, schor er ihr einen Monat vor dem Auftritt das Fell, wodurch es gleichmäßig nachwuchs. Kurz vor der Präsentation tat er dasselbe mit dem Euter, um jedes Detail ihres vorteilhaften Organs zur Geltung zu bringen. Jinx gewann die Vorausscheidung in ihrer Kategorie, und Wisi war unglaublich stolz.

Vor dem entscheidenden Auftritt an der Junior-Expo in Zug legte er sich noch einmal richtig ins Zeug und richtete seine Kuh wunderschön her. Selber platzte er fast vor Lampenfieber, doch Jinx war die Ruhe selber und wurde erneut Kategoriensiegerin. Noch am selben Abend traten die beiden zur Ausmarchung des Champions an. Im Finale reichte es nicht mehr zu einem vorderen Rang, doch viel wichtiger sei gewesen, dass die gemeinsame Erfahrung ihn eng mit Jinx verbunden habe und sie auch mit ihm. Sie sei ursprünglich eine Kuh gewesen, die auf Distanz zu den Menschen blieb. Nach der Junior-Expo sei sie zutraulicher geworden und habe ihn richtig gern bekommen. Sie gebar mehrere Kälber und erwies sich als gutes Zuchttier.

Dann kam Wisis Unfall, und Jinx wurde, wie alle anderen Kühe, versteigert. Als ihr neuer Besitzer sie in seinen Viehtransporter lud, hatte Wisi Tränen in den Augen. Jinx hätten sie unter normalen Umständen niemals verkauft, sagt er, und seufzt: »Auch mit 25 Jahren kann man wegen dem Verlust einer Kuh noch weinen.«

Glaubenssätze

Wisi, was sind für dich als Bauer zentrale Werte?
Für mich ist das Wichtigste, dass der Boden, den ich bewirtschafte, fruchtbar bleibt. Er ist unser kostbarstes Gut und nicht vermehrbar. Es sei denn, ich kaufe oder pachte neues Land dazu. Das ist im Kanton Uri aber extrem schwierig, liegen doch nur sieben Prozent der verfügbaren Fläche im Talboden. Dieser minimale Anteil, der für die Bewirtschaftung interessant ist, wird auch von der Industrie, dem Verkehr, dem Wohnungsbau und zur Renaturierung von Gewässern genutzt. Mein Herz hat geblutet, als beim Bau des neuen Schwerverkehrszentrums in Erstfeld, wo man die Lastwagen für den Gotthard abfertigt, erneut rund zehn Hektaren Land verloren gingen. Mich beelendet auch, wenn man weiterhin Einfamilienhäuser aufstellt, statt konsequent zu verdichten. Wir müssen aufpassen, dass wir keine ökologischen Wüsten schaffen.

Welchen Beitrag kannst du als Bauer für eine intakte Umwelt leisten?
Ich tue alles dafür, dass auch die nächsten Generationen fruchtbaren Boden vorfinden, von dem sie leben können. Mit den zwanzig Prozent meines Landes, die ich extensiv bewirtschafte –

ohne Dünger und mit wenig jährlichen Schnitten – trage ich zur Förderung der Artenvielfalt von Pflanzen und Insekten bei. Außerdem sorge ich dafür, dass der Wald mein Land nicht zuwächst. Allein in Erstfeld hat er in den letzten fünfzig Jahren eine Fläche zurückerobert, die rund doppelt so groß ist wie der Bielenhof. Die Natur ist gnadenlos, ohne unsere Gegenwehr würden wir schnell wieder im Urwald landen.

Welche Ereignisse in deinem beruflichen Leben machen dich zufrieden?
Glück im Stall: Wenn das Kalb einer tollen Kuh und eines tollen Stiers gesund auf die Welt kommt und über vielversprechende Zuchtqualitäten verfügt. Genauso zufrieden bin ich aber auch nach einem guten Erntetag; ich liebe die Feldarbeit. Richtig glücklich war ich, als ich 2014 den Aebi TT 280 bekam. Mit dieser extra für mich umgebauten Maschine kann ich ohne fremde Hilfe Geräte wie beispielsweise das Mähwerk oder den Bandrechen an- und abhängen. Der »Aebi« macht mir das Leben um einiges leichter.

Was lässt dich unzufrieden nach Hause kommen?
Der Verlust eines Tieres, das auf der Alp oder im Stall verunfallt oder nach einer Krankheit eingeht. Das ist ein sinnloser Tod. Dieses Tier bringt mir keinen Nutzen, gleichzeitig stirbt es zur Unzeit und verkürzt sein Leben unnötig. Unausstehlich werde ich, wenn lange Trockenperioden dazu führen, dass auf meinen Wiesen alles welkt und verdorrt. Wenn ich dann auch noch sehe, dass ich den Wintervorrat für meine Herde nicht zusammenbringe und gezwungen sein werde, meine Tiere direkt nach der Rückkehr von der Alp zu schlachten, geht es mir echt schlecht.

Der Rekordsommer 2003 brachte solche Verhältnisse. Sie trafen uns allerdings nicht so stark, weil wir nach meinem Unfall erst am Aufbau unseres neuen Viehbestands waren. Im ebenfalls überdurchschnittlich trockenen Jahr 2015 hatte ich Glück, weil ich nach dem ausgesprochen nassen Vorjahr noch über große Futterreserven verfügte.

Welche Situationen stressen dich?
Wenn Maschinen kaputt gehen. Meistens passiert das ja, wenn du sie am dringendsten brauchst: Du bist am Heuernten, ein Gewitter braut sich zusammen, und genau dann gibt der mechanische Ladewagen den Geist auf. In diesem Moment bekommst du garantiert keinen Ersatz von einem Kollegen, weil er ihn selber braucht. Also bist du auf eine kostspielige, oft schlecht ausgeführte Notreparatur angewiesen. Genervt reagiere ich auch, wenn sich in öffentlichen Diskussionen wieder alle möglichen Leute auf die Landwirtschaft einschießen und kaum jemand Verständnis hat für unsere Arbeit.

Wie könnte man denn mehr Verständnis in der Bevölkerung schaffen?
Indem man den Leuten zum Beispiel bewusst macht, dass die Mutterkuhhaltung zu einer ethisch vertretbaren Form von Fleischproduktion führt. Meine Tiere fressen ausschließlich Gras; die Kälber trinken die Milch ihrer Mütter und leben in einer Herde mit einem intakten sozialen Gefüge. Das sind Faktoren, dank denen es mir Freude macht, Tiere zu halten und Fleisch zu produzieren. In einer kurzen Übergangphase nach dem Unfall haben wir auf dem Bielenhof Kälbermast betrieben: vierzig bis fünfzig gleichaltrige Tiere, die Mais und Kraftfutter vom Fütte-

rungsautomaten bezogen. Diese Art der Tierhaltung hat mir viel weniger Freude bereitet. Obwohl man betonen muss, dass die Verhältnisse in der Schweiz vergleichsweise harmlos sind. Im Ausland werden Hormone und Antibiotika zur Produktionssteigerung eingesetzt.

Wie wirkt sich ein Fleischskandal auf deinen Absatz aus?
Kaum wird so eine Geschichte publik, läutet bei uns das Telefon, und die Bestellungen nehmen sprunghaft zu. Zugespitzt kann man sagen: Solche Skandale verkaufen mir mein Fleisch. Es ist schon vorgekommen, dass ich mangels eigener Tiere auf den Bestand von Kollegen zurückgreifen und ihnen einige Rinder abkaufen musste. Da bin ich allerdings wählerisch: Ich kaufe nur auf solchen Betrieben ein, deren Standard ich kenne oder – noch lieber – die Zuchttiere von mir bezogen haben.

Welchen Ehrgeiz hast du als Fleischproduzent?
Mein Fleisch soll so gut sein, dass die Kunden immer wieder zu uns auf den Hof kommen und bereit sind, so viel zu bezahlen, dass wir davon leben können. Zu diesem Zweck versuche ich, die Zucht so zu steuern, dass ich Tiere mit viel und gutem Muskelfleisch bekomme. Das ist nicht ganz einfach.

Was hilft dir dabei?
Als Anhaltspunkt dient mir beispielsweise die Beurteilung einer erstgebärenden Kuh durch unsere Branchenorganisation Mutterkuh Schweiz. Ein Experte kommt auf den Hof, qualifiziert das Tier, gibt ihm eine Punktzahl und trägt alle Angaben ins Herdenbuch ein. Wenn ich zwei, drei Jahre später, wenn die Kuh weitere Kälber bekommen hat und ausgewachsen ist, den Ein-

druck habe, sie übertreffe inzwischen ihre Punktzahl, lasse ich sie erneut beurteilen. Schneidet sie gut ab, züchte ich mit ihr weiter. Falls ich sie aus irgendeinem Grund trotz vielversprechender Werte verkaufen müsste, wäre sie teuer. Für ein Supertier habe ich schon 5000 Franken erzielt.

Welche beruflichen Standards würdest du niemals verletzen?
Ich befinde mich ständig auf einer Gratwanderung: Einerseits muss der Ertrag stimmen, damit ich meine Kosten decken kann. Andererseits habe ich hohe Ansprüche an die Qualität meines Bodens und an das Wohl meiner Tiere. Was ich uneingeschränkt sagen kann: Ich würde niemals meinen Boden überdüngen, nur um den Ertrag kurzfristig zu steigern. Ein solcher Eingriff rächt sich: Der Boden wird sauer, und es braucht Zeit, um wieder einen neutralen Wert zu erreichen. Damit es meinen Tieren gut geht, müssen sie von Mai bis Oktober, manchmal auch länger, auf der Weide leben und Gras fressen können. Das Gras muss deshalb möglichst nahrhaft und gesund sein.

Welche Art von Schlachtung lehnst du ab?
Ich bin gegen das Töten mit dem Weideschuss. Meiner Meinung nach birgt diese Methode zu viele Unwägbarkeiten: Was ist, wenn ich nicht treffe? Wer garantiert, dass alle Hygienevorschriften eingehalten werden? Wo und wann lasse ich ein totes Tier ausbluten? Ich fühle mich wohler, wenn ich in einem Schlachthaus mit Profis zusammenarbeiten kann. Wobei ich auch da klare Vorstellungen habe: Ich möchte nicht, dass meine Tiere in einem fabrikähnlichen Schlachthaus wie Nummern behandelt werden. Außerdem will ich sie nicht einer vier- bis sechsstündigen Anfahrt im Viehwagen aussetzen und sie damit unnötig stressen.

Dass man Tiere schlachten lässt, die man gehegt und gepflegt hat, ist für viele Außenstehende irritierend. Stumpft man mit den Jahren ab?

Bis zu einem gewissen Grad schon. Zu vielen Tieren entwickle ich gar nicht erst eine intensive emotionale Beziehung, weil ich sonst den Tag, an dem ich sie schlachten lassen muss, fürchten würde. Die Entscheidung, meinen Lieblingsstier Senn ins Schlachthaus zu bringen, möchte ich wirklich nicht fällen müssen. Viel lieber verkaufe ich ihn und weiß, er lebt weiter. Andererseits kann es wirtschaftliche Zwänge geben, die mir keine Wahl lassen – dann müsste auch Senn dran glauben. Dann ist es aber das System, das entschieden hat, nicht ich (schmunzelt). Abgesehen davon darf man nicht vergessen, dass ich Nutztiere halte. Der Begriff bringt gut zum Ausdruck, worum es geht.

Wir könnten uns ja auch beschränken und Vegetarier oder sogar Veganer werden.

Ich finde es gut, dass weniger Fleisch gegessen wird. Fleisch soll keine Massenware sein, primär soll gutes Fleisch auf den Teller kommen. Aus ethischen Gründen ganz auf Fleisch zu verzichten, halte ich aber für übertrieben. Es ist eines unserer Grundnahrungsmittel, ein wichtiger Eiweißspender, und gehört einfach dazu. Und was sollen wir mit all dem Gras machen? Es bietet sich doch regelrecht an, dass wir es veredeln, indem wir es verfüttern und auf dem Weg Milch und Fleisch produzieren.

Hast du nie daran gedacht, einen reinen Bio-Bauernhof zu betreiben?

Doch, aber ich habe mich nach ernsthafter Überlegung dagegen entschieden. Der Grund? Um die Fruchtbarkeit und den Ertrag meiner Wiesen auf dem von mir gewünschten Niveau zu halten, muss ich hin und wieder chemische Unkrautbekämpfungsmittel einsetzen können. Punktuell, nicht flächendeckend. Dass ich die Richtlinien für den ökologischen Leistungsnachweis einhalte, kontrolliert das Bundesamt für Landwirtschaft beziehungsweise die von ihm eingesetzte Stelle Qualinova.

Inwiefern hat dich dein Unfall als Bauer beeinflusst?
Seither messe ich dem Thema Nachhaltigkeit viel größere Bedeutung bei. Fruchtbarkeit hat für mich heute den höheren Stellenwert als Ertrag. Vor dem Unfall wollte ich vor allem eins: möglichst viel produzieren, egal, wovon. Mit der Mutterkuhhaltung ist bei mir das Bedürfnis gewachsen, angemessen zu produzieren, das heißt, mit den natürlichen Ressourcen zu arbeiten, die mein Betrieb hergibt. Ich setze also kein dazugekauftes Kraftfutter ein, mit dem ich zwar das Wachstum der Tiere beschleunigen, aber auch ihre Gesundheit überstrapazieren könnte.

Du bist ein gläubiger Mensch. Begünstigt dein Leben in der Natur deinen Bezug zu einer Instanz, die wir gemeinhin Gott nennen?
Ich bin überzeugt, dass es für mich als Bauer einfacher ist, zu glauben, weil ich viele Dinge erlebe, die von einer höheren Macht entschieden werden: angefangen beim Wetter bis hin zur Gesundheit meiner Tiere, alles Faktoren, die nur teilweise in meiner Hand liegen. Von daher bin ich gut beraten, wenn ich manches in meinem Alltag in Gottes Hand lege.

Das liebe Geld

Alois Zgraggen sitzt am Küchentisch, rührt mit dem Löffel bedächtig im Tee, überlegt und zieht Bilanz: »Wir sind unser Leben lang immer an die Grenzen gegangen. Um den Betrieb voranzubringen, haben wir finanzielle Risiken in Kauf genommen und uns dabei oft auf einem schmalen Grat bewegt.« Als er 1974, frisch verheiratet, den Bielenhof übernahm, wurde dessen Wert auf 43 000 Franken geschätzt. In dieser Höhe war er auch belehnt. Sein Vater hatte es knapp geschafft, ihn über Wasser zu halten.

Als junger Bauer erkannte Alois die Notwendigkeit, den Betrieb zu modernisieren und zu erweitern. Er klopfte bei mehreren Banken an und unterbreitete ihnen seine Pläne. Die meisten reagierten ablehnend: Angesichts der hohen Verschuldung könne man kein zusätzliches Geld einschießen.

Eine umfassende Sanierung des Hofes hätte laut Schätzungen 660 000 Franken gekostet. Das wäre schon von den Hypothekarzinsen her nicht tragbar gewesen, die während der Ölkrise auf mehr als sechs Prozent angestiegen waren. Immerhin erhielt Alois von der Landwirtschaftlichen Kreditkasse Uri ein langfristiges zinsloses Darlehen von 30 000 Franken, um das alte Wohnhaus so weit herzurichten, dass die Eltern und er mit seiner Frau Silvia je eine eigene Wohnung beziehen konnten.

Darüber hinaus gelang es ihm, Geld für den dringend benötigten neuen Stall und ein Wirtschaftsgebäude zu organisieren. 1977, als Wisi zur Welt kam, feierte man die Aufrichte. In jenen Jahren erreichte der Bielenhof die größte Flächenausdehnung seiner Geschichte. Sie umfasste mit dem zusätzlichen Pachtland im Tessin rund 45 Hektaren. Die Verschuldung nahm wegen der Investitionen zwar noch einmal zu. Dank gesteigerter Milchproduktion, Zuchterfolgen, mehr verkauften Tieren sowie den dannzumal noch guten Marktpreisen für Milch und Fleisch verbesserte sich aber auch die Ertragslage.

Der Bielenhof wuchs kontinuierlich, blieb aber stark verschuldet. Weil die Banken auf ihren Krediten einen Risikozuschlag erhoben, lasteten die Zinsen schwer auf dem Budget. »Wir haben auf jeden Luxus verzichtet«, erzählt Alois, »aber wir expandierten und sahen am Horizont eine bessere Zukunft, für die es sich hart zu arbeiten lohnte.« Er verfolgte eine ebenso klare wie mutige Strategie: »Wenn zwei Franken hereinkamen, haben wir vier Franken investiert, indem wir weitere zwei Franken entlehnten. Hätten wir stattdessen Schulden abbezahlt, wären wir stehen geblieben, und der Bielenhof hätte sich nicht so entwickelt.«

Eine Reminiszenz illustriert, wie willkommen jeder noch so kleine Zustupf war. Zwischen 1977 und 1980 wurde die Autobahn direkt am Hof vorbei gebaut. Eines Tages kam der Bauführer und fragte Alois, ob seine Kaderleute ihre Autos untertags auf dem Hof abstellen könnten. »Ich fragte ihn, was er mir dafür gebe. Er nannte einen anständigen Betrag, ich schlug ein und drückte ihm gleich die Einzahlungsscheine in die Hand.«

Als Wisi nach der Rekrutenschule im elterlichen Betrieb einstieg, verließ Alois' Bruder den Hof, der für seine Arbeit einen Lohn bezogen hatte. Das entlastete die Rechnung. Nun wiederholte sich die Geschichte: Wisi wollte heiraten und brauchte für seine künftige Familie eine zeitgemäße Wohnung. Es wurde Zeit, das alte Haus abzureißen und ein neues zu bauen. Wieder der Bittgang zu den Banken und Behörden, neue Gesuche um Kredite und Investitionshilfen.

Mitte 2001 war das neue Haus bezugsbereit. Der Bund und Uri hatten 150 000 Franken aus dem Topf für die Sanierung von Wohnbauten in Berggebieten beigesteuert. Dank großen Eigenleistungen während der Bauphase war der Bielenhof nun eine geschätzte Million Franken wert – fast 25-mal mehr als 1974 –, aber ebenso hoch verschuldet. »Mit dieser Investition haben wir die Voraussetzungen für weiteres Wachstum geschaffen«, rechtfertigt Alois das Risiko. »Wir hatten nun moderne Wohnungen für beide Generationen, optimale Arbeitsflächen, Trocknungsräume, Kühlanlagen, Keller, alles war da und konnte genutzt werden.«

Mit einem verschmitzten Lachen erzählt er die Geschichte vom Vertreter des Zivilschutzes, der sich nach der Baueingabe fürs Wohnhaus bei ihm gemeldet habe. Er müsse 11 000 Franken zahlen, damit die Zgraggens im Katastrophenfall Plätze in einem Zivilschutzraum der Gemeinde beanspruchen könnten. »Ich fragte ihn: ›Was wäre, wenn ich für uns und unsere Nachbarn einen eigenen Schutzraum bauen würde?‹« Dann bekomme er von der Gemeinde pro Liegeplatz 600 Franken an die Kosten bezahlt, lautete die Antwort, denn rings um den Bielenhof mangle es an Schutzplätzen.

Alois rechnete: 32 Plätze à 600 Franken gleich 19 200 Franken. Zusammen mit den eingesparten 11 000 Franken ergab sich ein Investitionsvolumen von 30 000 Franken. »Damit kann ich den Raum bauen«, folgerte er und machte eine Projektskizze. Ein Bekannter zeichnete ihm gegen geringes Entgelt Pläne für die Betonarmierung, die er beim Bauamt einreichen musste. Ein Kollege besorgte mit seinem Bagger den Aushub. »Von der Landwirtschaftlichen Baugenossenschaft, bei der wir Mitglied sind, bezogen wir das nötige Material zu Baumeisterpreisen.« Die Rechnung ging auf. Seither dient der Zivilschutzbunker als großzügiger Arbeitsraum und Vorratskammer, bestückt mit Kühlapparaten für die Versorgung des Gastrobetriebs. Alois hatte unternehmerisch gedacht und eine staatliche Zwangsabgabe in eine Investition verwandelt.

Eigentlich war die Übergabe des Hofs an Wisi für 2003 geplant, doch der Unfall durchkreuzte diese Absicht. Alois musste den Betrieb von Milch- auf Fleischwirtschaft umstellen, die Herde versteigern, neue Tiere anschaffen und den Stall umbauen. Der Milchgeldertrag, jährlich rund 80 000 Franken, brach von einem Tag auf den anderen weg, derweil die Fleischproduktion eine Anlaufzeit von zwei Jahren benötigte. Um die Ertragslücken zu schließen, baute Silvia den Gastrobereich aus, während Alois eine temporäre Kälbermast aufzog. Für 40 000 Franken kauften Zgraggens eine vierrädrige Occasions-Mehrzweckmaschine der Marke Schäffer und ließen sie so umbauen, dass Wisi sie bedienen und wieder auf dem Hof mitarbeiten konnte. Unter Berücksichtigung der Versicherungsleistungen war die Familie gezwungen, als Folge des Unfalls zusätzliche 200 000 Franken in den Bielenhof zu investieren.

Doch die Umstellung zahlte sich aus. Das Geschäft mit dem Fleisch entwickelte sich gut, und der Gastrobereich wurde zu einer wichtigen Einnahmequelle. Alois war schon bald in der Lage, jährlich bis zu 50 000 Franken Schulden abzutragen. Als er den Bielenhof im Jahr 2010 an Wisi übergab, wurde er auf 1,3 Millionen Franken geschätzt – bei einer Verschuldung von einer Million. Der Mehrwert von 300 000 Franken, die den Eltern für ihr Lebenswerk als »Pensionskasse« zustanden, blieb als zinsloses Darlehen im Betrieb. Alois und Silvia »zahlen« für ihre Wohnung eine jährliche Miete, die Wisi und Angelika zur Tilgung des elterlichen Darlehens verwenden. Unter dem Strich dieses Nullsummenspiels resultiert ein lebenslanges Wohnrecht der Eltern auf dem Hof. Solange Alois mitarbeitet, bekommt er einen bescheidenen Lohn. Danach wird er mit Silvia von der AHV-Rente leben und – solange sie die Arbeit bewältigen können – von den Einnahmen des Gastrobetriebs.

Angelika und Wisi bewirtschaften den Bielenhof gemeinsam als Selbständigerwerbende. Weil er seine Arbeit ohne ihre Hilfe nicht verrichten könnte, entfallen steuertechnisch vier Fünftel des Einkommens auf Angelika, während Wisi zusätzlich zu seinem Fünftel eine Invalidenrente bezieht. Die IV hatte sich nach dem Unfall geweigert, die Kosten für die technische Umrüstung des Betriebs zu übernehmen. Wisi wiederum wehrte sich gegen das Ansinnen der IV, sich umschulen zu lassen; er sei Landwirt und wolle das bleiben. Alle fünf Jahre kommen IV-Inspektoren und prüfen, ob er noch immer Anspruch auf seine Rente habe. Angelika sagt dann jeweils: »Die Arme sind nicht nachgewachsen. Also?«

In der Betriebsbuchhaltung sind die Direktzahlungen des Bundes mit vierzig Prozent der größte Einnahmeposten, gefolgt von den Erträgen aus Tierhaltung, Tierverkauf und Direktvermarktung mit dreißig Prozent. Hinzu kommen Nebeneinkünfte aus der Vermietung der Dachwohnung und eines zweiten Hauses sowie Entschädigungen von anderen Bauern für geleistete Dienste, etwa fürs Pressen von Siloballen.

Rund fünfzig Prozent der Ausgaben entfallen auf den allgemeinen Betriebsaufwand. Dazu gehören nebst dem Unterhalt von Gebäuden und Maschinen die Pachtzinsen, Schuldzinsen, Betriebsstoffe, Autokosten, Versicherungen, Elektrizität, Wasser und Strom. Fast zwanzig Prozent macht der Direktaufwand für die Tierhaltung und den Pflanzenbau aus. Darunter fallen Tierkäufe, Futter, Stroh, Tierarzt, Tierversicherung, Pflanzgut und Dünger. Die Kosten für temporäres Hilfspersonal betragen weniger als zehn Prozent. Das Jahresergebnis (und damit die Steuerbelastung) lässt sich ein Stück weit über die Höhe der Abschreibungen steuern. Allfällige Gewinne werden für Investitionen oder zur Schuldentilgung verwendet.

Die Bilanz des Bielenhofs weist eine Fremdverschuldung von 86 Prozent aus, wobei Hypotheken und Investitionskredite den größten Anteil ausmachen. Zum Fremdkapital zählt auch das zinslose Darlehen der Eltern, das vom Charakter her aber eher familiäres Eigenkapital darstellt, was die hohe Verschuldung relativiert. Ein hübsches Detail in der Bilanz ist das zinslose Darlehen einer gewissen Frieda M. in Höhe von 30 000 Franken. Die Innerschweizer Witwe hatte in einer Zeitschrift einen Artikel über Wisi gelesen. »Sie rief an und besuchte uns«, erzählt er, »es war ihr einfach ein Bedürfnis, mit einem günstigen Kredit etwas zum Gedeihen unseres Betriebs beizutragen.«

Ohne speziell angepasste Maschinen könnte Wisi den Bauernhof nicht bewirtschaften. Auf einem Rundgang durch die Remise führt er vor, welche Aufgaben er mit den verschiedenen Geräten erledigen kann. Mit dem Aebi TT 280 ist eine ganz besondere Geschichte verknüpft. Dieses ungemein bewegliche technische Wunderwerk auf vier voluminösen Pneus kann dank andockbaren Geräten auf der Wiese praktisch alles: mähen, das Gras aufbereiten und es mit dem mächtigen Doppelkreisel-Schwader oder dem kleineren Bandrechen zu »Mädli« aufreihen. Wisi hätte sich diesen Rolls-Royce unter den Landwirtschaftsmaschinen, der neu mehr als 150 000 Franken kostet, niemals leisten können. Außerdem wäre er gar nicht in der Lage gewesen, die Geräte an- und abzuhängen, denn das erfordert im Normalfall Handarbeit.

Da las er in einer Zeitschrift, in Österreich sei eine automatische Kupplung für landwirtschaftliche Geräte in Entwicklung. Als das »Gangl Docking System« nach einigen Geburtswehen auf den Markt kam, war Wisi der erste Schweizer Kunde. Dummerweise erwies sich aber sein damaliges Gefährt als zu wenig stark für die gewichtige Neuerung. Da wandte sich der Schweizer Gangl-Importeur an die Firma Aebi in Burgdorf und arrangierte mit deren Chef und Wisi ein Mittagessen. »Ich erzählte ihm meine Lebensgeschichte, danach gingen wir in die Fabrikationshalle. Er zeigte mir einen total überholten Occasions-Terratrac, den er mir zu einem Vorzugspreis anbot. Aber das Beste kam erst noch: Die Firma Aebi baute ihn gratis auf meine Bedürfnisse um.«

Draußen auf dem Hofplatz erklärt Wisi die aufwendigen technischen Anpassungen, die es ihm erlauben, das komplexe Gefährt mit all seinen Funktionen über Joystick und Knöpfe zu steuern. Er startet den Motor, fährt zum Mähwerk, das »Gangl Docking System« macht »Klick«, und das Gerät ist einsatzbereit.

Neben dem hypermodernen TT 280 nimmt sich der betagte Fiat-Traktor mit der Typenbezeichnung DT 766 wie ein roter Dinosaurier aus. Vor fünf Jahren ließ ihn Wisi für 10 000 Franken generalüberholen, bis dahin stand er abgeschrieben auf einen Franken in der Bilanz. Mit ihm zieht er den Ladewagen, um auf den Wiesen die »Mädli« aufzusammeln, die Rundballenpresse, das Druckfass mit der Gülle, den Mistzetter, den Viehwagen, den Futtermischer und zuweilen auch den Kreiselheuer. Die vielen Hebel, Schalter, Pedale und das Steuerrad bedient er mit den Füßen und dem Stumpf. »Bei längeren Arbeiten auf dem Feld muss ich ihn mit einem Schutz versehen«, erklärt er, »sonst bin ich am Abend wund.«

Der Futtermischer gehört ebenfalls zu den unverzichtbaren Arbeitsgeräten. Der große Blechbehälter auf Rädern ist inwendig versehen mit spiralförmigen Messern zur Zerkleinerung von Heu und dessen Vermengung mit Nährstoffen. Die verschiedenen Tiergruppen müssen unterschiedlich gefüttert werden. Einjährige Tiere sowie Kühe, die zum ersten oder zweiten Mal gekalbt haben, bekommen nährstoffreicheres Futter als das Schlachtvieh und die Zuchtstiere.

Mit dem 44 000 Franken teuren Schäffer 4048, dem ersten auf seine Bedürfnisse angepassten Allzweckfahrzeug, karrt Wisi einen Siloballen heran, lädt einen Teil davon in den Futtermischer, gibt nährstoffreiches Heu und Mineralsalz dazu und zieht ihn nach der Verarbeitung mit dem Traktor in den Stall, wo er das Futter über ein Förderband an die Tiere verteilt.

Als sich Vater Alois vor acht Jahren einen schweren Beinbruch zuzog und neun Monate ausfiel, wurde es für Wisi zum Problem, das Stroh in den Stall zu bringen und es dort zu verteilen. »Da probierte ich, was ich eigentlich schon lange gern getan hätte – ich streute das Stroh mit dem Gebläse ein, das wir eh schon auf dem Hof hatten.« Als es funktionierte, ließ Wisi das Gebläse fest installieren. Seither kann er eine weitere wichtige Arbeit ohne fremde Hilfe verrichten.

Am Ende des Rundgangs verschwindet Wisi kurz und kommt dann auf dem John Deere LX 277 um die Ecke gefahren, einem Kleintraktor, mit dem die Buben jeweils die Wiese vor dem Haus mähen. Jetzt hängt eine Art Pflug vorn dran, mit dem er im Stall das Futter näher an die Kühe heranschiebt. Danach hat er Zeit, einige grundsätzliche Fragen zum Thema Geld zu beantworten.

Ist es sinnvoller, Land zu kaufen oder zu pachten?
Grundsätzlich ist es natürlich schön und vermittelt Sicherheit, eigenes Land zu besitzen. Die Frage ist, ob man es sich leisten kann oder will, denn: Boden zu kaufen, ist eine Form von Kapitalvernichtung; das Geld ist langfristig gebunden und wirft keinen Ertrag ab. Betriebswirtschaftlich ist es sinnvoller, Land zu pachten und die vorhandenen Mittel für Investitionen auf dem Hof einzusetzen.

Muss ein Bauernbetrieb bis unters Dach verschuldet sein?
Mechanisierte Betriebe sind so kapitalintensiv, dass es gar nicht anders geht. Dabei dürfen persönliche Überlegungen aber nicht zu kurz kommen. Bevor ein Bauer seinen Hof an die nächste Generation übergibt, sollte er die Verschuldung seines Betriebs reduzieren. Damit steigt das Eigenkapital, das ihm sein Nachfolger abkaufen muss. Dieses Eigenkapital ist die Altersvorsorge des Bauern. Das bedeutet, dass er in den Jahren vor der Übergabe nicht mehr mit Vollgas investiert. Für den Nachfolger hat das auch Vorteile: Er steht nicht vor vollendeten Tatsachen, sondern kann die Weichen neu stellen und seine eigenen unternehmerischen Pläne verfolgen.

Wie stark hängt das Betriebsergebnis von der Höhe der Zinsen ab?
Wir müssen marktübliche Zinsen zahlen. Heute hilft uns das tiefe Zinsniveau. Mit acht Prozent, was es auch schon einmal gab, wäre unser Betrieb momentan nicht finanzierbar.

Wie lassen sich Gewinne erzielen?
Indem man die Kosten im Griff hat. Der Ertrag eines Bauernbetriebs ist fast nicht zu steuern. Er unterliegt dem Wetter, den Marktgegebenheiten und nicht zuletzt auch politischen Entscheiden, beispielsweise bei den Direktzahlungen. Wenn man die Kosten nicht im Griff hat, läuft alles aus dem Ruder. Deshalb ist es auch überlebenswichtig, die größten Risiken gut zu versichern, zum Beispiel Tierverluste durch Unfall oder Feuer. Natürlich hätte ich gern einen noch idealeren Stall. Ich kann ihn aber nicht abreißen und 300 000 Franken investieren; das rechnet sich nicht. Mein Stall soll seinen Zweck erfüllen, und ich möchte seinen Wert erhalten. Ich muss mir auch gut überlegen, ob sich die Investition in eine Solaranlage mittel- und längerfristig lohnt.

Welches wäre die ideale Größe für den Bielenhof?
Es gibt keine ideale Betriebsgröße, weil der Strukturwandel immer weitergeht. Im Grunde genommen wissen wir heute nicht, was und wie wir in fünf Jahren produzieren. Zusammen mit den Weiden im Tessin hatten wir einmal 45 Hektaren Land. Weil der Aufwand für die Bewirtschaftung zu groß wurde, haben wir den Pachtvertrag vor einigen Jahren aufgelöst. Heute stehen wir bei 32 Hektaren, was ich derzeit als optimale Größe ansehe. Grundsätzlich arbeite ich darauf hin, dass der Bielenhof ein Familienbetrieb bleiben kann.

Die Zukunft

An diesem kalten Wintertag, an dem sich die Sonne gegen den Morgennebel durchgesetzt hat und den Himmel über Erstfeld strahlend blau erscheinen lässt, sehen die Wälder an den steilen Bergflanken aus, als ob ein Zuckerbäcker sie frisch eingestäubt hätte. Wisi und Angelika wollen am Nachmittag mit den Kindern in Andermatt Ski fahren. Der Betrieb auf dem Bielenhof lässt diese Verschnaufpause zu, weil weder Geburten noch Schlachtungen oder Arbeiten anstehen, die keinen Aufschub dulden.

Wisi ist ein Chrampfer, der übers Jahr gesehen zu wenig Freizeit hat. Dabei weiß er, dass er seinem lädierten Körper Sorge tragen müsste, viel mehr Sorge, als sein Beruf ihm im Alltag erlaubt. Er sei zwar gesund, sagt er, »aber gezeichnet von meinem Unfall«. Landwirte arbeiten in erster Linie mit den Händen. Da er keine mehr habe, müsse er sich wenn immer möglich mit seinem Armstumpf behelfen, aber auch vieles mit den Beinen, dem Rumpf und dem Rücken kompensieren.

Am beschwerlichsten ist es für ihn, mit dem alten Traktor zu fahren. Da verrenkt er sich fast, wenn er den Oberkörper nach vorn beugt, um mit dem Stumpf einen Gang einzulegen, wenn er das Lenkrad bewegt oder mit den Füßen einen der zahlreichen Hebel bedient. Die Folge sind Verspannungen, Fehlbelastungen und immer häufiger auch Schmerzen. Letztes Jahr musste er sich alle paar Wochen einen Brustwirbel einrenken lassen – eine Folge der verkümmerten Brustmuskulatur auf der rechten Seite, an der er bis zur Schulter versehrt ist.

Im Januar und Februar kann er immerhin zwei- bis dreimal pro Woche ins Fitnessstudio gehen und gezielt Dehnungs- und Streckübungen machen, die ihm guttun. Im Anschluss daran besucht er die Sauna, setzt sich ins Sprudelbad und nutzt die Infrarotwärmelampe. Künftig will er auch mit Elektrostimulation arbeiten, einem therapeutischen Mittel, mit dessen Hilfe er seine Muskeln zu kräftigen hofft. Wisi seufzt. Der Unfall liege nun bald vierzehn Jahre zurück, und er habe sich von seiner Behinderung nie groß einschränken lassen. »Ich bin mir aber bewusst«, sagt er, »dass ich Raubbau an meinem Körper betreibe, schneller altern werde und beruflich frühzeitig kürzertreten muss.« Realistisch gesehen, könne er den Bielenhof »noch zehn, höchstens fünfzehn Jahre so weiterführen«.

Dann sollte Thomas, sein Ältester, den Betrieb übernehmen. Wisi wusste, wie wichtig es war, dass der Fünfzehnjährige frei über seine berufliche Zukunft entscheiden konnte. Weder versuchte er, ihn in eine bestimmte Richtung zu drängen, noch hielt er ihn von irgendwelchen Schritten ab. Also schnupperte Thomas einige Tage bei einem Gebäudetechniker, einem Landmaschinenmechaniker und einem Spengler. Letztlich aber entschied er sich – zur Freude seines Vaters und seines Großvaters –, die dreijährige Lehre als Landwirt zu machen und das eidgenössische Fähigkeitszeugnis zu erwerben.

Als er fragte, ob er den praktischen Teil seiner Ausbildung auf dem elterlichen Betrieb absolvieren könne, mit seinem Vater als Lehrmeister, winkte dieser ab. »Thomas muss lernen, auf eigenen

214

Beinen zu stehen; er soll unabhängig von mir neue Erfahrungen sammeln.«

Dazu gehört ein Jahr im Welschland, das den jungen Mann auf verschiedenen Ebenen fordern wird: Er muss eine fremde Sprache lernen, sich fernab von der Familie in einer ungewohnten Umgebung behaupten und einen Betrieb kennen lernen, auf dem wahrscheinlich vieles anders läuft als daheim im Bergkanton.

Das zweite und das dritte Lehrjahre möchte er am liebsten im Kanton Aargau verbringen, wo er in der Nähe der landwirtschaftlichen Schule wäre.

Um möglichst viel zu profitieren, sucht er drei Betriebe mit unterschiedlichen Schwerpunkten: erstens Mutterkuhhaltung und Ackerbau, zweitens Milchwirtschaft und Zucht und drittens Maschinenarbeit. Bis Ende Jahr muss er seinem Sekundarschullehrer die drei Lehrverträge vorlegen. Die Zeit drängt also, wenn er sich vorgängig auf verschiedenen Höfen vorstellen und jeweils ein paar Schnuppertage absolvieren will.

Wisi unterstützt seinen Sohn, indem er auch einmal seine Beziehungen spielen lässt und einen Kollegen anfragt – und er diskutiert viel mit Thomas. Es ist ihm ein Anliegen, dass dieser realisiert, wie hart sein Weg werden wird, und dass er sich voll in die Arbeit hineinknien muss. Was seinen Vater zuversichtlich stimmt, sind der Ehrgeiz und die Selbstdisziplin seines Sohnes. »Er kann mit sich selber sehr hart sein, wenn es erforderlich ist.« Dazu sei er ein heller Kopf und hätte statt der Sekundarschule auch das Gymnasium besuchen können. Die Möglichkeit, später eine Berufsmatura anzuhängen und ein Studium in Agronomie, sei durchaus gegeben.

Bei Thomas sind also schon etliche Weichen gestellt. Der Erstgeborene hat klare Vorstellungen, wohin er beruflich will. Wenn alles nach Plan läuft und er tatsächlich noch studiert oder im Ausland zusätzliche Erfahrungen sammelt, sollte er in zehn, zwölf oder fünfzehn Jahren bereit sein, den Bielenhof zu übernehmen. Wisi könnte sich vorstellen, ihm dann als Angestellter mit reduziertem Pensum zur Seite zu stehen – so, wie es heute Alois macht. Er möchte aber mit Angelika nicht im selben Haus wie die Familie seines Sohnes wohnen, sondern in einem »Stöckli« in der näheren Umgebung. Pläne dafür habe er bereits im Kopf. So jedenfalls sehe seine Idealvorstellung aus.

Bei Reto, dem Zweitältesten, ist noch vieles ungewiss. Er ist unsicher, wo seine Vorlieben und seine Fähigkeiten liegen. Wisi sieht ihn eher in einem handwerklichen Beruf, Reto sei kein Kopfmensch. Geschnuppert hat er bei einem Automechaniker, auch eine Lehre als Landmaschinenmechaniker komme infrage, wobei es in dem Bereich nur eine, höchstens zwei Lehrstellen im Kanton Uri gebe. Verglichen mit Thomas, tue er sich deutlich schwerer, einen Entscheid zu fällen. Wisi übt auch auf ihn bewusst keinen Druck aus, schließlich sei er mit seinen dreizehn Jahren noch sehr jung und entsprechend unreif. Wichtig sei ihm, dass alle Kinder eine gute Ausbildung bekommen. »Was sie dann damit machen, steht für mich nicht so im Vordergrund.«

Ivan, der Drittgeborene, dürfte es leichter haben als Reto. Fragt man den Elfjährigen nach seinem Berufswunsch, kommt es wie aus der Pistole geschossen: »Pilot!« Wisi sagt: »Ivan wird einmal ein Fahrzeug führen, egal, welches.« Abgesehen davon verfüge er über ein bemerkenswertes Talent zur Kommunikation, was ihm Alternativen eröffnen könnte. »Er hat schnell Kontakt mit Leuten, kann gut erklären und in einer größeren Runde das Wort ergreifen.« Seine auffallend raue Stimme rühre daher, dass er so viel rede, grinst Wisi, »und das mit voller Kraft«.

Die Berufswahl von Leonie, dem neunjährigen Nesthäkchen, beschäftigt Zgraggens noch nicht. Dessen ungeachtet spürt man viel väterlichen Stolz, wenn Wisi voraussagt, dass seiner Tochter eines Tages viele Möglichkeiten offenstehen werden, so groß sei ihr Potenzial. »Leonie ist sportlich, schnell und geschickt, intelligent, offen, hilfsbereit und herzlich.« Die Lehrerin habe sie im letzten Elterngespräch gelobt und betont, wie fröhlich und lebenslustig das Mädchen jeden Tag in die Schule komme. Sie werde sicher ihren Weg machen.

Was die Ausrichtung des Betriebs angeht, so ist es Wisi kürzlich gelungen, sieben Hektaren zusätzliches Land zu pachten, ideal gelegen, eben, frei von Hindernissen und deshalb rationell zu bearbeiten. Das ist ein Glücksfall für einen Bauern, kann er doch mehr Gras produzieren, ohne den Arbeitsaufwand unverhältnismäßig zu erhöhen.

Bei aller Freude wägt Wisi genau ab, wie er die zusätzliche Futtermenge einsetzen will. Einerseits könnte er deutlich mehr Tiere halten. Andererseits würde sie aber auch ausreichen, um die bestehende Herde übers ganze Jahr zu versorgen und nicht bloß neun Monate. Er könnte also davon absehen, seine Tiere im Sommer drei Monate auf die Alp zu schicken.

Einfach fällt ihm der Entscheid nicht: Mehr Tiere würden ihn zwingen, in die Vergrößerung des Stalls zu investieren. Aufs »Alpen« möchte er nicht verzichten, weil er vom Nutzen für die Gesundheit und Robustheit seiner Kühe überzeugt ist. Möglicherweise wird er sich dafür entscheiden, das überschüssige Futter zu verkaufen und mit dem Geld einen Teil des Maschinenparks zu erneuern.

Dort stehen in den nächsten zehn bis fünfzehn Jahren einige Investitionen an. Wisi überlegt und rechnet dann vor: »Ein Traktor, Neupreis 100 000 Franken, ein Ladewagen, Neupreis 40 000, ein Druckfass zur Verteilung der Gülle, Neupreis 50 000, und ein Mähwerk, Neupreis 18 000.« Insgesamt wären das mehr als 200 000 Franken, ein happiger Brocken. Es gebe schon Möglichkeiten, um die Investitionskosten zu senken, relativiert Wisi. Man könne beispielsweise gebrauchte Maschinen kaufen oder Arbeiten an Dritte auslagern. So könnte ein Nachbar mit seinem Druckfass die Gülle des Bielenhofs ausbringen oder mit seinem Ladewagen das Heu einsammeln. Viele Bauern helfen sich auf diese Weise aus. Auch Wisi kann man für solche Arbeiten »mieten«. Wie er sich entscheiden wird, weiß er noch nicht. »Ich lasse das auf mich zukommen.« Sicher ist: Auf dem Bielenhof müssen einmal mehr wichtige Weichen gestellt werden.

Jüngst hatte Wisi eine Idee, die am Veto von Alois und Angelika scheiterte. Er wollte ein Gästehaus für schwierige Jugendliche einrichten, um sie auf dem Bielenhof zu »erden«. Sie sollten auf dem Land leben, arbeiten und mit regionalen Produkten selber kochen. Den Raum neben der Zgraggenstube wollte er zu einem Schlafsaal mit 35 Plätzen ausbauen. Beim kantonalen Landwirtschaftsamt hatte er bereits ein Gesuch eingereicht.

Was er unbedingt realisieren will, ist der Plan, vermehrt Zuchttiere für den Verkauf zu produzieren und weniger Rinder schlachten zu lassen. Dabei verfolgt er ein ehrgeiziges Ziel: Seine Kühe und Stiere sollen über eine so exquisite Qualität verfügen, dass er sie, ohne teure Inserate zu schalten, direkt vom Bielenhof verkaufen kann. »Mein Name als Züchter muss so gut sein, dass er genügt, um Kunden anzulocken.« In den letzten drei Jahren sei er diesem Ziel mit der Hilfe von Alois schon sehr nahe gekommen. Schwierig bleibe einzig der Verkauf von Stieren; die Abnehmer interessierten sich in erster Linie für weibliche Tiere.

Über allem steht sodann die Frage, wie Wisi die Arbeit auf dem Betrieb bis zur Übergabe bewältigen will. Heute steht ihm Alois noch zur Seite, und in Arbeitsspitzen kann er auch auf Angelika zählen. Doch sein Vater ist 71 und dabei, sein Pensum deutlich zu reduzieren. Er bewirtet mit Silvia zwar nach wie vor Gesellschaften in der Zgraggenstube, doch Ende letzten Jahres hat Silvia den großen Garten und den Marktstand in Altdorf aufgegeben. Außerdem sind die beiden auf den Geschmack des Reisens gekommen. Diesen Frühling flogen sie nach Amerika, gingen in Miami an Bord eines Kreuzfahrtschiffes und betraten erst drei Wochen später in Venedig wieder europäischen Boden.

Ob Wisi eine zusätzliche Arbeitskraft einstellen muss, ehe auf dem Bielenhof die sechste Generation übernimmt, ist deshalb ungewiss. An Spitzentagen vermag er die Arbeit kaum zu bewältigen, übers ganze Jahr hinweg geht es einigermaßen. Und der Raubbau am Körper? Die Verspannungen und Rückenschmerzen? Er zuckt mit den Schultern. »Es gibt nun mal nichts Schöneres, als Bauer zu sein.«

Dank

Ich möchte der ganzen Familie Zgraggen danken für ihre Offenheit, Liebenswürdigkeit und Gastfreundschaft. An Wisi hat mich beeindruckt, mit welcher Geduld er jede noch so abseitige Frage beantwortet hat. Selbst als ich mehrere Anläufe brauchte, um den Unfallhergang im Detail zu verstehen, und ihn zusätzlich um eine Demonstration der Ballenpressmaschine bat, die ihm beide Arme abgerissen hat, blieb er gelassen und auskunftswillig.

Auch mein Bürokollege Andreas Minder, ein Bauernsohn und Volkswirt aus dem Kanton Bern, der seit fünfzehn Jahren in Zürich lebt, hat mir zahllose Fragen zum Leben auf dem Land, zu Kühen, Bauernhöfen, zu Fachbegriffen und vielem mehr mit Engelsgeduld und großer Kompetenz beantwortet. Danke, Res.

Und Gabriella Baumann-von Arx, meine Verlegerin, mit der mich inzwischen eine lange, erprobte Zusammenarbeit verbindet, war einmal mehr ein wunderbar motivierendes Gegenüber mit dem Riecher für den richtigen Protagonisten. Danke schön, Gaby.

Eine Auswahl unserer Bestseller

ISBN: 978-3-03763-064-8 — #1
ISBN: 978-3-03763-066-2 — #2
ISBN: 978-3-03763-063-1 — #1
ISBN: 978-3-03763-305-2 — #3
ISBN: 978-3-03763-056-3 — #4
ISBN: 978-3-03763-067-9 — #2
ISBN: 978-3-03763-061-7 — #3
ISBN: 978-3-03763-065-5 — #6
ISBN: 978-3-03763-304-5 — #1

Das volle Wörterseh-Verlagsprogramm finden Sie unter www.woerterseh.ch